Guía de prevención de lesiones por presión basada en evidencia científica

Janeth Jinete Acendra
Rosa Morales Aguilar
Alba Pardo Vásquez

Guía de prevención de lesiones por presión basada en evidencia científica

Guía de prevención de lesiones por presión basada en evidencia científica
Janeth Jinete Acendra. Rosa Morales Aguilar. Alba Pardo Vásquez

© 2017 Copyright Primera Edición
ISBN (Print): 978-1-387-41075-0

Contacto:
Publicaciones Científicas
Universidad Metropolitana
publicacionescientificas@unimetro.edu.co
janeth.jinete@unimetro.edu.co

Contenido

INTRODUCCIÓN 9

APOLOGÍA 13

GENERALIDADES..17

    Historia de las Lesiones por Presión (LPP) 17
    Definición de Lesiones por Presión 20

FISIOPATOLOGÍA 23

    Fricción...25
    Cizallamiento 25
    Microclima 27

FACTORES DE RIESGO 29

    Factores Intrínsecos 30
    Infección, sepsis e hipoalbuminemia. 34

LA PIEL...35

    Epidermis 35
    Apéndices de la piel 38
    Red vascular cutánea 39
    Funciones de la piel...39

SISTEMA DE CLASIFICACIÓN DE LAS LPP.....................41

    Etapas de lesión por presión de NPUAP 41

VALORACIÓN INTEGRAL DEL PACIENTE.......................49

    Valoración del riesgo 49
    Escalas más conocidas. 49
    Prevención del riesgo de ulceras por presión 50

INTERVENCIONES PARA EL CUIDADO DE LAS ULCERAS POR PRESIÓN 51

GUÍA DE PRÁCTICA CLÍNICA BASADA EN EVIDENCIA CIENTÍFICA 61

    Objetivos de la guía..61
    Guías de prácticas clínica (GPC): 62
    Nivel de evidencia clínica: 62

GLOSARIO..75

REFERENCIAS 79

  ANEXOS...87

Introducción

Las lesiones por presión (LPP), anteriormente denominadas Ulceras por Presión (UPP), frecuentemente suelen presentarse en enfermos graves y con estancias largas. Según el cuarto estudio Nacional de prevalencia de LPP en España, las cifras de prevalencia obtenidas son: en hospitales adultos 7,87% en unidades pediátricas, 3,36% en Centros socio sanitario (CSS), 13,41%, en atención primaria 0,44% entre mayores de 65 años y 8,51% entre pacientes en programas de atención domiciliaria. La prevalencia es más alta en unidad de cuidados intensivos (UCI), llegando al 18%.

Son escasos los datos de prevalencia en Colombia, según el estudio de González R y cols (1), expone una situación preliminar de las LPP en algunas regiones del país; en los resultados obtenidos, se encontró: 68% de LPP en hombres, 64% en Instituciones públicas, 44% en el primer nivel de atención. Los resultados de prevalencia señalan que la causa principal en el 98% de los casos es la presión, seguido por cizalla, humedad e incontinencia. Se destaca el desconocimiento de los ácidos grasos híper oxigenados y el escaso uso de superficies especiales para el manejo de la presión; el 43% no utiliza escalas para medir el riesgo.

Teniendo en cuenta la cantidad de pacientes afectados, es importante considerar que las LPP no solo traen repercusiones de salud a los pacientes, si no también afecta al sistema de salud. (2)

Estos costos podrían ser menores al instaurarse medidas preventivas y programas institucionales para evitar la aparición de LPP en los pacientes con riesgo a padecerlas y mitigar aspectos legales y demandas. (3)

La Organización Mundial de la Salud (OMS) considera que en el concepto de calidad en servicios de salud deben estar presentes los siguientes atributos: alto nivel de excelencia profesional, uso eficiente de los recursos, mínimo riesgo y alto grado de satisfacción por parte del paciente, que redunda en un impacto final de la salud. (4)

9

La falta de seguridad del paciente es un problema mundial de salud pública que afecta a los países de todo nivel de desarrollo. La Alianza Mundial para la Seguridad del Paciente se estableció a fin de promover esfuerzos mundiales encaminados a mejorar la seguridad de la atención de los pacientes de todos los Estados Miembros de la OMS. La Alianza está empeñada en fomentar la investigación como uno de los elementos esenciales para mejorar la seguridad de la atención en salud. (4)

Entre los años 1995 y el 2008 aumento en 80% la incidencia de úlceras y se considera que el riesgo para úlceras es aún mayor por el aumento de obesidad, diabetes mellitus y ancianos. (5)

En la actualidad, Colombia cuenta con una política Nacional de seguridad del paciente, liderada por el Sistema Obligatorio de Garantía de Calidad de la Atención en Salud, cuyo objetivo es prevenir la ocurrencia de situaciones que afecten la seguridad del paciente, reducir, y de ser posible, eliminar la ocurrencia de eventos adversos para contar con instituciones seguras y competitivas internacionalmente.

Así, el Ministerio de la Protección Social, en junio del año 2008, expidió los "Lineamientos para la implementación de la Política de Seguridad del Paciente". Hoy se acepta que existen algunas prácticas reconocidas universalmente como seguras y que son producto de buenos programas institucionales de seguridad implementados en los últimos años, entre ella las intervenciones para reducir las LPP (6)

Según la Ley 266, que reglamenta la profesión de Enfermería en Colombia, la enfermería es una profesión liberal y una disciplina de carácter social, cuyos sujetos de atención son la persona, la familia y la comunidad, con sus características socioculturales, sus necesidades y derechos, así como el ambiente físico y social que influye en la salud y en el bienestar. (7) Considerando las Lesiones por Presión un problema común en la práctica de Enfermería, y siendo ésta quien lidera el cuidado desde la prevención y tratamiento, debe garantizar la calidad basada en evidencia científica, para unificar la práctica asistencial.

Las Úlceras por Presión afectan al nivel de salud y la calidad de vida de los pacientes; reducen su independencia para el autocuidado y son causa de baja autoestima, repercutiendo negativamente en sus familias y cuidadores, ya que son el origen de sufrimientos por dolor y reducción de la esperanza de vida, pudiendo llegar incluso a ser causa de muerte.

La gran mayoría de Úlceras por Presión son prevenibles (95%), según el Grupo Nacional para el Estudio y Asesoramiento en Úlceras por Presión y heridas crónicas. (6) Se estima que haciendo prevención el gasto es mucho menor que el costo atribuible al tratamiento.

El deterioro de la integridad cutánea y tisular de un individuo se puede presentar tanto si se encuentra en instituciones hospitalarias, como en el hogar; la responsabilidad de la complicación conlleva a un pronóstico negativo, a una disminución de la esperanza de vida y de un deterioro de la calidad de vida de quienes las padecen o de sus cuidadores. (5)

Se puede concluir que las prácticas más eficientes para evitar la presencia de LPP van dirigidas a la prevención, la identificación temprana del riesgo, educación al paciente y su familia, creación de un protocolo y/o seguimiento de la adherencia al protocolo de manejo de pacientes de riesgo. (6) El protocolo o las guías son una herramienta fundamental en el quehacer del profesional, puesto que contribuyen a garantizar el uso de buenas prácticas y ayudan a tomar las decisiones más adecuadas.

Para garantizar la calidad en el cuidado de la LPP, el grupo investigador, desde la Línea "Cuidado al paciente en la prevención y tratamiento de las LPP", viene desarrollando desde el año 2008, consultorías, seminarios e investigaciones para mejorar la atención a las personas con LPP o riesgo de padecerlo.

Como producto de esta línea se realizó la siguiente guía con el objetivo de unificar criterios en prevención y tratamiento de lesiones por presión basada en evidencia científica, con el fin de optimizar el cuidado, reducir la incidencia y mejorar la calidad de vida de las personas y la familia. La guía está destinada a los profesionales de la salud y pretende que sea de especial interés, ya que les facilitará la actualización de conocimientos para el cuidado de los pacientes.

Apología

Las lesiones por presión (LPP) frecuentemente suelen presentarse en enfermos graves y con estancias largas. Según el cuarto estudio Nacional de prevalencia de LPP en España, las cifras de prevalencia obtenidas son: en hospitales, adultos 7,87% en unidades pediátricas, 3,36% en CSS, 13,41%, en atención primaria 0,44%) entre mayores de 65 años y 8,51% entre pacientes en programas de atención domiciliaria. La prevalencia es más alta en unidad de cuidados intensivos (UCI), llegando al 18%.

Son escasos los datos de prevalencia en Colombia, según el estudio de González R y cols (1), señala que la causa principal en el 98% de los casos es la presión, seguido por cizalla, humedad e incontinencia. Se destaca el desconocimiento de los ácidos grasos híper oxigenados y el escaso uso de superficies especiales para el manejo de la presión; el 43% no utiliza escalas para medir el riesgo.

Teniendo en cuenta la cantidad de pacientes afectados, es importante considerar que las LPP no solo traen repercusiones de salud a los pacientes, si no también afecta al sistema de salud. (2)

Estos costos podrían ser menores al instaurarse medidas preventivas y programas institucionales para evitar la aparición de LPP en los pacientes con riesgo a padecerlas y mitigar aspectos legales y demandas. (3)

La OMS considera que en el concepto de calidad en servicios de salud deben estar presentes los siguientes atributos: alto nivel de excelencia profesional, uso eficiente de los recursos, mínimo riesgo y alto grado de satisfacción por parte del paciente, que redunda en un impacto final de la salud.

Considerando las Lesiones por Presión un problema común en la práctica de Enfermería, y siendo ésta quien lidera el cuidado desde la prevención y tratamiento, debe garantizar la calidad basada en evidencia científica, para unificar la práctica asistencial.

La falta de seguridad del paciente es un problema mundial de salud pública que afecta a los países de todo nivel de desarrollo. La

Alianza Mundial para la Seguridad del Paciente se estableció a fin de promover esfuerzos mundiales encaminados a mejorar la seguridad de la atención de los pacientes de todos los Estados Miembros de la OMS.

La Alianza hace especial hincapié en fomentar la investigación como uno de los elementos esenciales para mejorar la seguridad en salud (4)

Se tiene descrito un aumento de incidencia de úlceras entre 1995 y el 2008 del 80% y se proyecta aumento de la población en riesgo para úlceras (obeso, diabetes mellitus, ancianos). Se estima que se gastan 2700 USD y que, previniendo las úlceras, se disminuye entre 12 y 15 semanas el gasto de 40 000 USD en tratamiento.

En la actualidad, Colombia cuenta con una política Nacional de seguridad del paciente, liderada por el Sistema Obligatorio de Garantía de Calidad de la Atención en Salud, cuyo objetivo es prevenir la ocurrencia de situaciones que afecten la seguridad del paciente, reducir, y de ser posible, eliminar la ocurrencia de eventos adversos para contar con instituciones seguras y competitivas internacionalmente.

Así, desde junio de 2008, el Ministerio de la Protección Social expidió los "Lineamientos para la implementación de la Política de Seguridad del Paciente. Hoy se acepta que existen algunas prácticas reconocidas universalmente como seguras y que son producto de buenos programas institucionales de seguridad implementados en los últimos años, entre ella las intervenciones multi-componentes para reducir las LPP. (6)

Según la Ley 266, la enfermería es una profesión liberal y una disciplina de carácter social, cuyos sujetos de atención son la persona, la familia y la comunidad, con sus características socioculturales, sus necesidades y derechos, así como el ambiente físico y social que influye en la salud y en el bienestar. (7)

Las Úlceras por Presión afectan al nivel de salud y la calidad de vida de los pacientes; reducen su independencia para el autocuidado y son causa de baja autoestima, repercutiendo negativamente en sus familias y cuidadores, ya que son el origen de sufrimientos por dolor y reducción de la esperanza de vida, pudiendo llegar incluso a ser causa de muerte. Se tiene descrito un aumento de incidencia de úlceras entre 1995 y el 2008 del 80% y se proyecta aumento de la población en riesgo para úlceras (obeso, diabetes mellitus, ancianos).

Se estiman que gastan 2700 USD y que, previniendo las úlceras, se disminuye entre 12 y 15 semanas el gasto de 40 000 USD en tratamiento. La gran mayoría de Úlceras por Presión son prevenibles (95%), según el Grupo Nacional para el Estudio y Asesoramiento en Úlceras por Presión y heridas crónicas (GNEALPP). (6)

El deterioro de la integridad cutánea y tisular de un individuo se puede presentar tanto si se encuentra en instituciones cerradas como en el ámbito domiciliario, siendo responsable de un agravamiento del pronóstico, de una disminución de la esperanza de vida y de un deterioro de la calidad de vida de quienes las padecen o de sus cuidadores. (5)

Las prácticas más eficientes para evitar la presencia de LPP van dirigidas a la prevención, La identificación temprana del riesgo, educación al paciente y su familia, creación de un protocolo y/o monitoria de la adherencia al protocolo de manejo de pacientes de riesgo, al igual que la supervisión frecuente de los pacientes de mayor riesgo, son también prácticas seguras que complementan y son eficaces en la prevención de la aparición de las lesiones de piel. (6)

Las guías son una herramienta fundamental en el quehacer del profesional, puesto que contribuyen a garantizar el uso de buenas prácticas y ayudan a tomar las decisiones más adecuadas.

Para garantizar la calidad en el cuidado de la LPP, el grupo investigador, desde en la Línea "Cuidado al paciente en la prevención y tratamiento de las LPP".

Desde el año 2008, para mejorar la atención a las personas con LPP o riesgo de padecerlas viene trabajando continuamente en esta tema, como producto de esta línea se realizó la siguiente guía con el objetivo de unificar criterios en prevención y tratamiento de lesiones por presión basado en evidencia con el fin de optimizar el cuidado, reducir la incidencia y mejorar la calidad de vida de las personas y la familia.

La guía está destinada a los profesionales de la salud y

15

pretende que sea de especial interés, ya que les facilitará la actualización de conocimientos sobre el manejo y cuidado de los personas con úlceras, basado en evidencia.

Generalidades

Historia de las Lesiones por Presión (LPP)

Las heridas causan dolor, discapacidad y muerte. Desde el principio de los tiempos, han estado vinculadas al ser humano en cualquier momento de su ciclo vital y los problemas asociados a su cuidado y su tratamiento son, por lo tanto, tan antiguos como la humanidad misma.

A lo largo de la historia el tratamiento de las heridas siempre ha sido minimizar los riesgos causados por la herida en sí misma y disminuir las complicaciones potenciales. "El dolor, la pérdida de continuidad de la piel y de los tejidos han puesto a prueba el ingenio del hombre a lo largo de los siglos"

Desde hace aproximadamente 6.000 años, el hombre dispone de tratamientos tópicos eficaces para el tratamiento de las heridas, como pomadas, ungüentos, agua fría, la nieve, el hielo, la aplicación de hierbas y de arcilla, estas no sólo aliviaban el dolor, sino que favorecían la curación. (8)

Existen registros que datan del año 2500 AC, contienen información sobre el tratamiento de las heridas; ellos refieren que las heridas se lavaban con agua o leche y se recubrían con miel y resina procedente de coníferas, incienso o mirra. Los vendajes se fabricaban con lana o lino. (9)

Así mismo, unos 700 años después, los primeros papiros egipcios comprobaron que una herida cerrada curaba antes que una herida abierta e inventaron el vendaje adhesivo aplicando goma a tiras de lino para poder aproximar los bordes de las heridas. "Para curar las heridas utilizaban mezclas de miel, grasa de cerdo y resinas". Las razones por lo que se utilizaban esos elementos era la capacidad de solidificación, para rellenar y sellar heridas, además su fragancia para usarlas en casos de úlceras malolientes. (9)

El papiro de Smith, en el año 1650 AC, incluye 48 casos de heridas, lesiones y fracturas, desde el cráneo hasta la columna dorso lumbar informar sobre el tratamiento como "el cierre de heridas con suturas (para las heridas de los labios, la garganta y los hombros), prevenir y curar la infección con miel, y detener la hemorragia con la carne cruda". (10)

En este sentido, desde la antigüedad se evidencia en la momia de una anciana sacerdotisa de Amen, perteneciente a la dinastía XXI (1070 a 945) AC, que presentaba grandes úlceras en los glúteos y en los hombros. (11) Estas habían sido cubiertas por los embalsamadores con grandes piezas de suave cuero. (12)

"La civilización griega heredó muchos de los conocimientos egipcios. Hipócrates (460-377 AC), sugirió que las heridas contusas debían tratarse con pomadas con la finalidad de promover la supuración, eliminar el material necrótico y reducir la inflamación y el resto de las heridas debían ser lavadas para posteriormente dejarse secar en contacto con el aire"; es decir la naturaleza favorecería la curación de la herida y "la observación clínica fue la base del tratamiento hipocrático pero la gente no estaba dispuesta a dejar nada al azar, y la superstición y la magia florecieron".(12)

Durante el Imperio Romano, aproximadamente en el año 50 DC, Cornelius Celsus escribió la enciclopedia "De Medicina", en esta se destaca la diferencia entre heridas y ulceras crónicas. (8)

En cuanto a la prevención de las LPP, la primera referencia histórica, referida a los cambios de posición para el alivio de presiones, procede de la literatura islámica, en el Corán. Dice textualmente "los giramos sobre sus lados derechos y sobre sus lados izquierdos"20. En el siglo XVI es cuando se produce un avance significativo en la etiología y cuidados de las LPP. Con la publicación en 1575 de las obras completas de Ambroise Paré, cirujano francés, considerado el padre de la cirugía moderna, se reconoce la importancia del alivio de presiones y de la nutrición para tratar las LPP (13)

En 1593, Fabricius Hildanus, cirujano holandés, describió las características clínicas de las LPP. Él identificó factores externos e internos como causas, así como una interrupción en el aporte de "pneuma", sangre y nutrientes. Los factores presión mecánica e incontinencia jugaban un papel importante en la aparición de las LPP, observados por el cirujano francés De La Motte, en 1722. (14)

En 1860 Jean-Martin Charcott, reconocido profesor y

considerado como uno de los fundadores de la neurología clínica, describió las LPP, que eran afecciones comunes en pacientes con enfermedades crónicas cerebrales y de la médula espinal, evidencio que estos pacientes antes de morir desarrollaban LPP en sus nalgas o en el sacro por lo tanto su aparición era considerada un signo adverso y por ello se refería a estas lesiones como el "decubitus ominosus". No creía que la presión fuera una causa importante en la génesis de estas lesiones; pensaba que la destrucción de la piel en las enfermedades neurológicas era consecuencia del daño en la médula espinal o en el cerebro y que esta destrucción era inevitable.

Sin embargo, Jean-Martin Charcott logró describir la evolución de las LPP comenzando con un enrojecimiento de la piel, formación de ampolla y pérdida total del grosor de la piel, continúando hasta la aparición de la escara. Observó también las complicaciones de las LPP, infección y fiebre, y el dolor asociado a la misma. (15)

Florence Nightingale, fundadora de la enfermería moderna y contemporánea de Charcott, trabajó en Inglaterra y no está claro si su influencia llegó hasta París. En 1859 publicó Notas sobre enfermería, donde hace referencia a la responsabilidad de las enfermeras en la prevención de las LPP: "Si un paciente tiene frío o fiebre, o está mareado, o tiene una escara, la culpa, generalmente, no es de la enfermedad, sino de la enfermería."; "merece la pena subrayar, que cuando existe peligro de escaras, no se debe colocar nunca una manta debajo del paciente, retiene la humedad y actúa como una cataplasma." (16)

En el mismo siglo, Sir James Paget, eminente profesor y patólogo, definió las LPP como "la pérdida de integridad y la mortificación o muerte de una zona producida por la presión". Identificó factores precedentes como la inflamación que afecta a las prominencias óseas, generalmente el sacro, las espinas ilíacas, los trocánteres y las apófisis espinosas de las vértebras. También comprobó que el daño de la piel va acompañado de daño en tejidos más profundos, de manera que se producía la muerte de éstos incluso antes de la pérdida de la integridad cutánea y "cuando la piel desaparece, el espacio ocupado anteriormente por estos tejidos queda vacío". (17,18)

Sir James Paget, también estudió factores predisponentes

para el desarrollo de las LPP: "los más ancianos, especialmente los que tienen fracturado el cuello del fémur, los más gruesos y pesados, pero también los más delgados" y observó que una vez que el paciente estuviera en cama permanente, deberían instaurarse las medidas preventivas, de ahí la importancia que daba al conocimiento y entrenamiento en estas medidas, pues "una vez que la LPP aparece, es muy difícil deshacerse de ella". (17,18)

Según Paget si un paciente puede adoptar 4 posiciones diferentes mientras permanece en cama, es decir moverse "sobre su espalda, a cada lado y sobre su cara, las LPP pueden ser prevenidas y aunque aparezca una LPP en alguna zona, las medidas preventivas deben continuar para prevenir la aparición de otras nuevas" (17,18)

Desde esta época hasta la actualidad se han publicado multitud de investigaciones sobre la etiopatogenia y las medidas preventivas instauradas para evitar que las LPP aparezcan. Gracias a ellas hoy día conocemos que el desarrollo de la LPP es un evento multicausal.

En la gran mayoría de los casos, la identificación y atenuación, en la medida de lo posible, de los factores de riesgo pueden prevenir o minimizar la formación de LPP. Sin embargo, en algunos casos, las LPP son inevitables debido a que la magnitud y gravedad de los riesgos son abrumadoras y las medidas preventivas están contraindicadas o se hacen de forma inadecuada.

La disponibilidad de equipos como la experiencia de los profesionales en el cuidado de pacientes de alto riesgo puede tener importantes consecuencias en la prevención y tratamiento del deterioro de la integridad cutánea. (19)

Definición de Lesiones por Presión

Según la definición del GNEALPP de 2001, una lesión por presión (LPP), es una lesión de origen isquémico, localizada en la piel y tejidos subyacentes con pérdida de sustancia cutánea y producida por una presión prolongada, fricción entre dos planos duros o pinzamiento vascular. (20)

En las Lesiones por Presión se distinguen dos tipos de presiones: presión directa, la ejercida de forma perpendicular y presión tangencial, la ejercida en sentido contrario al desplazamiento del paciente, sobre un plano duro; este tipo también se conoce como "fuerza de cizallamiento".

Otra definición proveniente de La National Pressure Ulcer Advisory Panel (NPUAP) norteamericana y la European Pressure Ulcer Advisory Panel (EPUAP) europea, expresa que es: "lesión localizada en la piel y/o el tejido subyacente por lo general sobre una prominencia ósea, como resultado de la presión, o la presión en combinación con la cizalla" (21)

Para Rogenski, una ulcera por presión es una lesión localizada en la piel y/o en el tejido o estructura subyacente, generalmente sobre una prominencia huesosa, resultante de presión separada o depresión acordada con fricción y/o deformación. (22)

Fisiopatología

La presión capilar normal oscila entre 16 mm Hg en el espacio venoso capilar y 32 mm Hg en el espacio arterial capilar. Si se ejercen presiones superiores a éstas en un área limitada y durante un tiempo prolongado, se origina un proceso de isquemia que si se prolonga en el tiempo ocasionará muerte celular.

La respuesta orgánica para compensar esta situación es una vasodilatación o hiperemia reactiva (aspecto enrojecido) que conduce a una acumulación de catabolitos tóxicos en el tejido y a la aparición de edema e infiltración celular.

La progresiva hipoxia produciría una muerte irreversible de las células de la piel con formación de necrosis. En 1990 Kosiak demostró que los factores tiempo y presión pueden ocasionar daño en los tejidos, concluyendo que una presión externa de 70 mm Hg mantenida durante dos horas podía ocluir el flujo sanguíneo produciendo hipoxia (presión + tiempo = ulcera).

La presión continuada de las partes blandas causa isquemia de la membrana vascular y consecuentemente vasodilatación de la zona, eritema, extravasación de líquidos e infiltración celular. Si este proceso no cesa, se produce isquemia local, trombosis venosa y alteraciones degenerativas, lo que origina necrosis y ulceración de la piel.

La formación de LPP se ve influenciada por tres tipos de fuerzas:

Presión: Perpendicular al plano.

$\downarrow$O2 PRESIÓN + TIEMPO = ULCERA

La presión es una fuerza que actúa perpendicular a la piel ejercida por la propia fuerza de la gravedad del cuerpo, provocando un aplastamiento tisular entre dos planos, uno perteneciente al paciente y otro externo a él como la silla, cama, sondas, etc...

Los efectos de la presión continua, inducen movimientos

corporales para aliviar la carga y restaurar la perfusión tisular en pacientes despiertos, sin embargo los pacientes inconscientes, sedados, anestesiados o relajados, como no pueden sentir estos estímulos, estos cambios de posición no se manifiestan; esta situación se agrava aún más porque no hay movimientos espontáneos. (23). A consecuencia de esto, la piel y tejidos blandos pueden someterse a presiones prolongadas y no aliviadas. (24)

Cuando esto ocurre, la piel se torna pálida como resultado de la disminución del flujo sanguíneo y la inadecuada oxigenación (isquemia). Si en este momento se aliviase la presión, la piel rápidamente se enrojecería debido a una respuesta fisiológica llamada hiperemia reactiva y si la isquemia ha sido de corta duración, el flujo sanguíneo y la coloración de la piel vuelven a la normalidad. Las isquemias prolongadas pueden provocar que las células sanguíneas se agreguen y bloqueen los capilares perpetuando la isquemia.

Las paredes de los capilares pueden dañarse, permitiendo a las células y a los fluidos, filtrarse al espacio intersticial. En estos casos, aparece un eritema no blanqueable e incluso una induración de la piel. Si la isquemia continua se produce una necrosis de la piel y de los tejidos subyacentes con pérdida de la integridad de tejidos superficiales y profundos. (25) Se piensa que el mecanismo primario por el que la presión provoca daño tisular es la disminución en el flujo sanguíneo.

En 1930 Landis comprobó en seres humanos, que la presión en el lecho arteriolar de un capilar en los dedos de las manos mantenía una media de 32 mmHg (26). Este valor fue considerado como la presión de cierre capilar durante muchos años. Con el tiempo, se demostró la existencia de un amplio rango de presiones en los capilares de diferentes localizaciones anatómicas, valores que varían según la edad y enfermedades presentes.

Un estudio donde se aplicaron diferentes presiones en el antebrazo, en un rango de 0 a 175 mmHg sobre la piel, para medir sus efectos sobre el flujo sanguíneo, se observó que se afecta más una arteria profunda que un capilar superficial. (27)

Por otro lado, las presiones medidas en el interior de los tejidos, en un modelo experimental animal, demostro que la presión es de 3 a 5 veces mayor cerca de una prominencia ósea, que la presión aplicada a la piel que está sobre la prominencia ósea (28)

Fue a mediados de los años 50 donde inicio la sospecha que la duración de la presión podía contribuir al desarrollo de la LPP y en la década de los 70, Reswick y Rogers, publicaron guías basadas en observaciones en personas, sometidos a diferentes presiones y tiempos de exposición, "en los que no aparecieron lesiones o aparecieron de diferentes niveles" (29)

Hoy día se reconoce que presiones elevadas pueden causar daño en relativamente poco tiempo, mientras que presiones más bajas pueden ser soportadas durante períodos de tiempo más largos sin producir daño alguno. (30)

Fricción

Es una fuerza tangencial que actúa paralelamente a la piel, produciendo roces, por movimientos o arrastres. Esta fricción o roce entre la piel y un objeto externo al organismo da como resultado un aumento de la temperatura local y por consiguiente la aparición de ampollas y destrucción de la epidermis. Esta fricción de la piel es producida por sábanas, tubos de drenaje, etc.

Cizallamiento

Es una fuerza Tangencial y Perpendicular en la que se produce destrucción del tejido. En ella se combinan los efectos de presión y fricción. La lesión de los tejidos subcutáneos, es debido a una fuerza de deslizamiento originada generalmente por el arrastre del cuerpo sobre la cama del paciente, cuando involuntariamente el paciente se desliza hacia los pies de la cama por tener sobre elevado la cabecera o viceversa, cuando a éste lo intentamos subir hacia la cabecera, es entonces cuando los tejidos, temperatura, higiene, son desprendidos de la fascia muscular.

La cizalla también puede reducir o impedir totalmente el flujo sanguíneo por distintos mecanismos: compresión directa y oclusión de los vasos sanguíneos, estiramiento y estrechamiento de los lechos capilares de la dermis (31). Flexión y acodamiento de los vasos sanguíneos que circulan perpendiculares a la superficie de la piel (32). Pero los vasos de mayor diámetro y más profundos también pueden afectarse por las tensiones de cizalla.

La sangre que nutre piel y tejido subcutáneo puede proceder de arterias que nacen por debajo de la fascia profunda y del músculo. Estas arterias, conocidas como perforantes, discurren perpendiculares a la superficie y suministran sangre a extensas áreas. Este discurrir perpendicular las hace particularmente sensibles a las tensiones de cizalla y puede explicar la aparición de grandes LPP en la zona sacra. (33).

La presión y las tensiones de cizalla cuando actúan en conjunción, reducen el flujo sanguíneo y causan mayores deformaciones y obstrucciones de los capilares en la musculatura esquelética alrededor de las prominencias óseas. Cuando las tensiones de cizalla son elevadas, sólo hace falta la mitad de la presión para provocar la oclusión de los vasos sanguíneos. Consecuentemente, si las tensiones de cizalla son reducidas, los tejidos pueden tolerar presiones más elevadas sin que se produzca oclusión del flujo sanguíneo. (34).

La fricción favorece al desarrollo de tensiones de cizalla, pues tiende a mantener la piel en su lugar mientras el resto del cuerpo del paciente se desliza hacia los pies de la cama o hacia el borde de la silla. El movimiento relativo de la piel y de los tejidos subyacentes provoca tensiones de cizalla en los tejidos blandos que envuelven las prominencias óseas, como en el sacro.

Todos los posibles ángulos que existen entre una posición de sentado erecto y una posición de decúbito horizontal, pueden causar tensiones de cizalla debido a la tendencia del cuerpo a deslizarse hacia abajo siguiendo la pendiente. Cuando el respaldo se encuentra a 45° provoca una combinación especialmente alta de tensiones de cizalla y presión en las nalgas y en el sacro porque, en esta posición, el peso de la parte superior del cuerpo se divide por igual en fuerzas perpendiculares y tangenciales (35), ejemplo de ello es el ángulo de elevación de la cabecera de la cama o del respaldo del sillón influye activamente en el grado de las fuerzas de cizalla sobre los tejidos (36)

La fuerza de fricción, es dependiente de la fuerza perpendicular ejercida y del coeficiente de fricción generado entre la piel del paciente y la superficie de contacto. A mayor fuerza perpendicular, mayor fuerza de fricción y a mayor coeficiente de fricción, mayor fuerza de fricción y mayor es la fuerza necesaria para conseguir que el paciente se desplace sobre la superficie de soporte (37)

Este coeficiente de fricción va a depender del tipo de textil, la humedad de la piel y la superficie de soporte. (38)

La importancia de la fricción en el contexto de las LPP se debe a su contribución en la producción de las tensiones de cizalla. Cuando la superficie de la piel se ve sometida a una fuerza tangencial por fricción mayor que la fuerza perpendicular (presión), pueden aparecer abrasiones, ulceraciones superficiales o ampollas. La fricción aplicada a la superficie de la piel puede provocar tensiones de cizalla en planos tisulares más profundos como en el músculo. (37)

Microclima

Son las condiciones de higiene, humedad y temperatura del tejido y de la superficie de contacto, es decir el efecto del calor y la humedad sobre la piel del paciente. (31) Desde 1967 Roaf describió el microclima como la humedad, la temperatura del paciente y el movimiento del aire entre el paciente y la superficie de apoyo; en la actualidad se reconoce el microclima como la humedad y la temperatura. Cuando este factor se agrega a los efectos de la presión hay mayor probabilidad de que los tejidos del paciente se lesionen. (39)

Factores de riesgo

En la Investigación "Incidencia y factores de riesgo para el desarrollo de Lesiones por presión en la Unidad de Cuidados Intensivos del Hospital Universitario Virgen del Rocío". Realizada en España (2017), llegaron a las siguientes conclusiones: A mayor severidad de la enfermedad, mayor duración de la estancia en UCI lo que nos lleva exponer la piel de los pacientes a ambientes que favorecen el desarrollo de LPP.

Dentro de las complicaciones en la asistencia en salud se ven asociadas a un aumento de los días de estancia y de los costos en Salud. El reposicionamiento y la movilización precoz, y demás medidas preventivas, son fundamentales para evitar la aparición de LPP en el entorno de cuidado al paciente crítico. Aunque la principal causa de las LPP es la presión, existen otros factores que lleven a desencadenar la susceptibilidad de desarrollarlas.

La etiología de las LPP debe considerarse siempre multifactorial, existiendo dos grupos de factores predisponentes para su desarrollo: los factores intrínsecos y extrínsecos o la combinación de ambos que propician la disminución a la tolerancia de los tejidos de las fuerzas mecánicas.

En el proceso de desarrollo de la LPP existen dos elementos claves:

- Las fuerzas de presión, fricción o cizalla.
- La disminución de la resistencia de los tejidos a estas fuerzas.

Los factores intrínsecos: se van a relacionar con la condición física del paciente. Son muy difíciles de cambiar o los cambios se producen lentamente. Son factores que contribuyen a la producción de úlceras y que pueden agruparse en estos dos grandes grupos:

Los factores extrínsecos: Se relacionan con el entorno del paciente, en el más amplio sentido de la palabra. Desde la parte mecánica los factores extrínsecos determinan la magnitud, duración y tipo de fuerzas que actúan a nivel de la superficie cutánea, así como las propiedades mecánicas de las capas superiores de la piel. (2,40)

También pueden ser consecuencia de determinadas terapias o procedimientos diagnósticos.

- Humedad: incontinencia, sudoración profusa, exudados de heridas.
- Pliegues y objetos extraños en la ropa.
- Tratamientos farmacológicos: inmunosupresores, sedantes, vasoconstrictores. (7)

Factores Intrínsecos

Surgen como consecuencia de diferentes problemas de salud:

- •Enfermedades concomitantes: alteraciones respiratorias, cardiacas.
- •Alteraciones sensitivas: la pérdida de sensibilidad cutánea disminuye la percepción de dolor y dificulta las respuestas de hiperemia reactiva.
- •Alteraciones motoras: lesionados medulares, síndromes de inmovilidad.
- •Alteraciones de la circulación periférica, trastornos de la micro circulación o hipotensiones mantenidas.
- •Alteraciones nutricionales: delgadez, obesidad, déficit de vitaminas, hipoproteinemia.
- •Alteraciones cutáneas: edema, sequedad de piel, falta de elasticidad.
- •Envejecimiento cutáneo

Las personas en Unidades de Cuidados Intensivos tienen mayor riesgo de desarrollar las LPP como consecuencia de las:

- Alteración de la oxigenación tisular/ Disfunción cardiopulmonar.
- La inestabilidad hemodinámica se produce por la disfunción de los principales órganos o sistemas (respiratorio, cardiovascular, neurológico, renal) y se manifiesta por presión sanguínea inestable e hipotensión, bradicardia o taquicardia, hipoxemia y/o

hipo perfusión

* Los principales factores contribuyentes en el paciente crítico son la disminución del volumen sanguíneo circulante, la reducción de la resistencia vascular sistémica debida a la sepsis y la disminución del gasto cardíaco.

* Los pacientes en fallo multiorgánico sufren alteraciones importantes en la perfusión tisular y son incapaces de mantener la homeostasis (41,42)

1. Vasopresores Un número creciente de investigaciones sugiere que las drogas vasopresoras incrementan la probabilidad de desarrollo de LPP en el paciente crítico (43)

El estudio llevado a cabo por Levine et al. (44) concluyó que un 92,3% de los pacientes que presentaron hipotensión en el momento de la aparición de la LPP, estaban sometidos a tratamiento con vasopresores.

2. La adrenalina y noradrenalina son los vasoconstrictores más potentes que se utilizan para incrementar la presión sanguínea. La dopamina, vasopresina y fenilefrina son otros vasoconstrictores de uso habitual. Los vasopresores actúan induciendo la vasoconstricción arteriolar, especialmente en la periferia, para conseguir un incremento de la presión arterial media. La intención es mejorar la perfusión central y reducir la hipoxia. Constituyen un tratamiento de primera línea en caso de shock (45)

Sin embargo, al producir una vasoconstricción periférica significativa, estas drogas pueden provocar hipoxia celular periférica, malnutrición celular e hipoperfusión tisular. El desarrollo de las LPP está directamente relacionado con la inadecuada oxigenación, disponibilidad de nutrientes y presión arterial media (PAM) por debajo de 60mmHg/59. Para determinar la relación entre el desarrollo de la LPP y el tipo de vasopresor, su dosis, y la duración del tratamiento, se necesitan investigaciones adicionales.

3. Hipotensión

En una situación de hipotensión, el organismo intenta compensar derivando sangre desde las áreas no vitales, primariamente la piel, hacia los órganos vitales. En estos casos, se limita la tolerancia de los 18 tejidos a la presión y el cierre de los capilares se produce con niveles menores de presión tisular, lo que puede conllevar el desarrollo de la LPP (44)

Además del daño asociado a la hipotensión, la piel puede verse sometida a un daño de reperfusión cuando la sangre vuelva a circular rápidamente para restablecer el flujo sanguíneo a la zona de piel afectada.

Las investigaciones de McCord y Bulkery (46,47) Demuestran que el tiempo necesario para que la cascada de reperfusión provoque diferentes grados de daño tisular, en pacientes susceptibles, está influenciado por las características individuales y la presencia de comorbilidades. Wilczweski et al. (48) estudiaron a 94 pacientes críticos ingresados en una UCI quirúrgica por traumatismo medular y concluyeron que la hipotensión (PAM< 70 mmHg) fue el predictor más fuertemente asociado al desarrollo de LPP. Senturan et al (49) estudiaron a 30 pacientes sometidos a ventilación mecánica y, en este caso, las presiones arteriales sistólicas (PAS) más bajas estuvieron significativamente asociadas al desarrollo de LPP.

4. Hipoxemia.
La hipoxemia en reposo requiere del uso de oxigenoterapia. Tarnowski et al (50), revisaron las características de 29 pacientes con LPP adquiridas durante la hospitalización y el 41% de ellos había presentado hipoxemia.

5. Anemia.
El corazón se esfuerza por mantener una capacidad adecuada de transporte de oxígeno para poder cubrir las necesidades metabólicas. El oxígeno es fundamental para la supervivencia celular, y la anemia puede ser causante de secuelas negativas sobre todos los órganos. (51)
Aunque la anemia en enfermedades crónicas e inflamatorias está frecuentemente asociada con la aparición de LPP, generalmente acompañada de hipoalbuminemia y de pérdida de peso involuntaria, no se ha demostrado que sea un factor de riesgo independiente para el desarrollo de LPP (44)

La disminución de la concentración de hemoglobina puede ser una consecuencia del compromiso del estado de salud, lo que a su vez incrementa la susceptibilidad del paciente para desarrollar LPP et al 66

6. Hipoventilación

La hipoventilación se caracteriza por depresión ventilatoria y resulta en una inadecuada entrada de oxígeno y eliminación de dióxido de carbono. La enfermedad pulmonar obstructiva crónica es una condición de obstrucción crónica al flujo espiratorio en la que se retiene dióxido de carbono y el consumo de oxígeno es inadecuado. Pender y Frazier (52) intentaron determinar la prevalencia de LPP en pacientes sometidos a ventilación mecánica y describir las relaciones entre la oxigenación sistémica, la perfusión tisular y la prevalencia de LPP.

Un 20% de los pacientes sometidos a ventilación mecánica desarrolló alguna LPP.

7. Insuficiencia cardíaca congestiva

El corazón es incapaz de bombear la sangre adecuada para cubrir las demandas metabólicas, ya sea en reposo o en ejercicio, y mantener adecuadas presiones de llenado. Se produce una hipoperfusión tisular seguida de congestión venosa que, en principio, es pulmonar, pero en algunos casos también es sistémica. El paciente siente debilidad, fatiga, ansiedad, confusión y desarrolla edemas.

Cox, estudió retrospectivamente 347 pacientes ingresados en una UCI médico-quirúrgica y encontró que la enfermedad cardiovascular estaba significativamente asociada con el desarrollo de LPP. Hipovolemia Al disminuir el volumen circulante, se produce un incremento en la frecuencia cardíaca. En última instancia, se compromete la perfusión tisular periférica y la perfusión de órganos vitales. (53)

El shock hipovolémico acontece cuando el volumen circulante es tan bajo que el organismo es incapaz de cubrir sus necesidades metabólicas y se afectan todos los órganos corporales, incluida la piel. (54)

Infección, sepsis e hipoalbuminemia.

Los niveles séricos de albúmina bajos, se consideran indicadores de inflamación y pueden contribuir al desarrollo de edema y anasarca en los pacientes críticos o en estadios terminales. Levine et al 57 revisaron retrospectivamente a 20 pacientes que habían desarrollado LPP a pesar de haber recibido adecuadas medidas de prevención, y descubrieron que un 100% tenían hipoalbuminemia.

La piel

La piel, es un órgano delgado, clasificado como la membrana cutánea; forma una cubierta celular ininterrumpida por toda la superficie externa del cuerpo y protege al huésped de su ambiente y, al mismo tiempo permite la interacción del organismo con el entorno. Está compuesta de diferentes compartimentos tisulares que se interconectan de forma anatómica e interactúan funcionalmente. Estas son la epidermis, la dermis e hipodermis (tejido subcutáneo).

Epidermis

Es la capa exterior más fina. La epidermis celular es una capa epitelial, un tejido dinámico en el cual las células están en constante replicación y diferenciación no sincronizada. La epidermis es la barrera principal de permeabilidad, función inmunitaria innata, adhesión, protección contra la radiación ultravioleta.

La epidermis de la piel está formada por epitelio escamoso estratificado. Tiene un grosor entre 0,07 y 0,12 mm y puede alcanzar 1,4 mm en las plantas de los pies y 0,8 mm en las palmas de las manos.

La epidermis es una estructura que se renueva continuamente y da origen a estructuras derivadas denominadas apéndices (unidades pilo sebáceas, uñas y glándulas sudoríparas)

La epidermis tiene varios tipos de células epiteliales. Los queratinocitos están llenos de una proteína dura y fibrosa, denominada queratina. Los melanocitos aportan color a la piel y sirven para filtrar la luz ultravioleta.

Las células de la epidermis se distribuyen hasta en cuatro capas distintos, de dentro a fuera:

Capa Basal: Esta capa es la responsable de la renovación de la epidermis, lo que se hace aproximadamente cada 4 semanas.

Capa Espinoso:. Las células de esta capa epidérmica son

ricas en ARN, por lo que están bien equipadas para iniciar la síntesis proteica necesaria para la producción de queratina.

Capa granulosa: Con éste estrato comienza el proceso de queratinización. Las células están distribuidas en una lámina de dos a cuatro capas de profundidad y están llenas de unos gránulos que se tiñen intensamente, denominados queratohialina, necesaria para la formación de queratina.

Estrato Córneo: Es el más superficial de la epidermis. Está formado por células escamosas muy finas que, en la superficie de la piel, están muertas y siempre están desprendiéndose y siendo sustituidas. El proceso por el que se forman las células de este estrato, de células de capas más profundas de la epidermis que luego se llenan de queratina y se desplazan a la superficie, se denomina queratinización.

El estrato córneo se llama, a veces, zona de barrera de la piel, porque actúa como una barrera para la pérdida de agua y para muchos otros peligros ambientales, que van desde los gérmenes y las sustancias químicas nocivas hasta el traumatismo físico. Cuando esta capa de barrera se ha alterado, la eficacia de la piel como cubierta protectora disminuye considerablemente y la mayoría de los contaminantes pueden atravesar con facilidad las capas inferiores de la epidermis celular.

La dermis

Es una capa interna más gruesa de tejido conjuntivo, relativamente denso que puede tener más de 4mm de espesor en algunas zonas del cuerpo. Contiene tres tipos de componentes: celular, matriz fibrosa, matriz filamentosa y difusa. También es un sitio de redes vasculares, linfáticas y nerviosas. La dermis es mucho más gruesa que la epidermis y puede superar los 4 mm en la plantas de los pies y en las palmas de las manos. La resistencia mecánica de la piel está en la dermis. La dermis es el mayor constituyente de la piel y le confiere su flexibilidad

Además de desempeñar una función protectora frente a la lesión mecánica y la compresión, esta capa de la piel constituye una zona de almacenamiento de agua e importantes electrolitos. Una red especializada de nervios y terminaciones nerviosas actúa también procesando informaciones sensitivas, como el dolor, la presión, el tacto y la temperatura. A diversos niveles de la dermis existen fibras musculares, folículos pilosos, glándulas sudoríparas y sebáceas y numerosos vasos.

Capa papilar: Es la fina capa superficial de la dermis y forma protuberancias denominadas papilas dérmicas que se proyectan en la epidermis. La capa papilar y sus papilas, están formadas esencialmente por elementos de tejido conjuntivo laxo y una fina red de delicadas fibras colágenas y elásticas. La fina capa epidérmica de la piel se adapta estrechamente a las crestas de las papilas dérmicas.

En consecuencia, la epidermis tiene también en su superficie unas crestas características, especialmente bien definidas en la punta de los dedos, de manos y pies.

Capa reticular: Se trata de una capa gruesa, formada por fibras de colágeno, lo que le confiere resistencia a la piel, también hay fibras elásticas que hacen a la piel distensible y elástica. La dermis contiene fibras musculares esqueléticas (voluntarias) y lisas (involuntarias). Localizadas en la dermis existen millones de terminaciones nerviosas denominadas receptores. Permiten que la piel actúe como un órgano de sentidos, transmitiendo al cerebro sensaciones de dolor, presión, tacto y temperatura.

Hipodermis

Es la capa subcutánea, laxa, rica en grasa y en tejido areolar a la que a veces se denomina hipodermis o aponeurosis superficial. El contenido graso de la hipodermis varía según el estado de nutrición, pudiendo superar en los sujetos obesos los 10 cm de espesor en alguna zona. Su función es aislamiento, integridad mecánica, contiene la fuente más grande vasos y nervios. Es la capa situada por debajo de la dermis. Está formada por tejido conjuntivo laxo, con fibras colágenas y elásticas orientadas fundamentalmente paralelas a la superficie de la piel. Donde la piel es flexible y se mueve libremente, las fibras de colágeno son pocas, pero donde está firmemente fijada a estructuras subyacentes, como en las palmas de las manos y en las plantas de los pies, son muy gruesas y numerosas.

Esta capa tiene células adiposas y está recorrida por grandes vasos sanguíneos y troncos nerviosos. Contiene muchas terminaciones nerviosas. Está separada de los tejidos más profundos por fascias o aponeurosis. Debajo están los músculos y los huesos.

Apéndices de la piel

Los apéndices de la piel, están constituidos fundamentalmente por el pelo, las uñas y las glándulas sudoríparas y mamarias. (55)

- **Pelo:** delgado filamento de queratina, que nace a partir de una invaginación tubular de la epidermis, el folículo piloso, que se extiende hasta la dermis, donde está rodeado de tejido conjuntivo.

- **Glándulas sebáceas:** distribuidas por toda la piel, excepto en las palmas, plantas y bordes de los pies y situadas en la dermis. Sus conductos excretores se abren en el cuello de los folículos pilosos, aunque en determinadas áreas de la piel pueden abrirse directamente en su superficie.

- **Músculo erector del pelo:** formado por fibras musculares lisas.

- **Uñas:** Son placas córneas situadas en la cara dorsal de las falanges terminales de los dedos de los pies y de las manos.

- **Glándulas sudoríparas**: Son importantes en la regulación de la temperatura corporal y equilibrio hidroeléctrico, son de dos tipos: glándulas sudorípara **Ecrinas** y glándulas sudoríparas **Apocrinas.**

Las glándulas sudorípara **Ecrinas**, la parte secretora están en la dermis y desemboca por un conducto ascendente en la epidermis, vertiendo el sudor al exterior, existen en las palmas de las manos, región frontal de la cara, plantas de los pies. Las glándulas sudoríparas **Apocrinas**, son las encargadas de la secreción de feromonas, son poco numerosas y se encuentran en las axilas, región pubiana, conducto auditivo externo, parpados, glándulas mamarias y área perineal. Están conectadas con folículos pilosos produciendo una secreción más viscosa que las ecrinas.

Red vascular cutánea

Las arterias que irrigan la piel se localizan en la capa subcutánea o hipodermis. De una de las caras de esta red, la más profunda, parten ramas que nutren el estrato subcutáneo y sus células adiposas, las glándulas sudoríparas y las porciones más profundas de los folículos pilosos.

De otro lado de esta red, la más superficial, los vasos suben y penetran en la dermis y, en el límite entre la dermis papilar y reticular, forman una red más densa llamada red subpapilar que emite finas ramas hacia las papilas.

Cada papila tiene un asa única de vasos capilares con un vaso cutánea. En la piel hay conexiones directas entre la circulación arterial y venosa sin interposición de redes capilares. Estas anastomosis arteriovenosas desempeñan un papel muy importante en la termorregulación del cuerpo.

Funciones de la piel

Es fundamental para el mantenimiento de la hemostasia. Protección (barrera física frente a los microorganismos). Importante papel en el mantenimiento de la temperatura corporal. Síntesis de importantes sustancias químicas, como la vitamina D y hormonas. Excreción de agua, desechos y sales. Absorben las vitaminas liposolubles, los estrógenos y ciertas sustancias químicas.

Los receptores hacen que la piel funcione como un órgano sensorial, calor, frío, presión, tacto y dolor. Produce melanina, filtra la luz ultravioleta. Produce queratina a efectos de protección, repelente del agua.

Sistema de clasificación de las LPP

La clasificación de la LPP es un método que se utiliza para poder determinar la severidad de la lesión. Un sistema de clasificación describe una serie de estadios o categorías numeradas que conllevan un grado diferente de daño tisular. Cuanto más profunda sea la LPP y mayor la extensión del daño de los tejidos, mayor será el grado en el sistema de clasificación empleado.

El objetivo principal de todo sistema de clasificación es estandarizar la recogida de información y proporcionar una descripción común de la severidad de la úlcera para propósitos de la práctica clínica, la evaluación o la investigación. (56)

El Panel asesor nacional sobre úlceras por presión - NPUAP » Recursos » Recursos educativos y clínicos »Etapas de lesiones por presión del NPUAP

Etapas de lesión por presión de NPUAP

El Panel asesor nacional sobre úlceras por presión redefinió la definición de lesiones por presión durante la conferencia de consenso de estadificación de NPUAP 2016 que se realizó del 8 al 9 de abril de 2016 en Rosemont (Chicago), IL.

Las definiciones de estatificación actualizadas se presentaron en una reunión de más de 400 profesionales. Utilizando un formato de consenso, el Dr. Mikel Gray de la Universidad de Virginia guió con destreza al Equipo de Trabajo de Etapas y reunió a los participantes para lograr un consenso sobre las definiciones actualizadas a través de un debate interactivo y un proceso de votación. Durante la reunión, los participantes también validaron la nueva terminología mediante fotografías.

El sistema de clasificación actualizado incluye las siguientes definiciones:

Lesión por presión: "Una lesión por presión es un daño localizado a la piel y al tejido blando subyacente generalmente sobre una prominencia ósea o relacionada con un dispositivo médico u otro. La lesión puede presentarse como una piel intacta o una úlcera abierta y puede ser dolorosa. La lesión ocurre como resultado de presión o presión intensa y / o prolongada en combinación con cortante. La tolerancia de los tejidos blandos para la presión y la cizalladura también puede verse afectada por el microclima, la nutrición, la perfusión, las comorbilidades y el estado del tejido blando."

Etapa 1 Lesión por presión:

Eritema no blanqueable de la piel intacta Piel intacta con un área localizada de eritema no blanqueable, que puede aparecer de manera diferente en la piel pigmentada de manera oscura. La presencia de eritema blanqueable o cambios en la sensibilidad, temperatura o firmeza pueden preceder a los cambios visuales. Los cambios de color no incluyen la decoloración púrpura o granate; estos pueden indicar una lesión profunda por presión tisular.

Pérdida de piel de espesor parcial con dermis expuesta Pérdida de piel de espesor parcial con dermis expuesta.

El lecho de la herida es viable, rosa o rojo, húmedo, y también puede presentarse como una ampolla llena de suero intacta o rota. La grasa adiposa no es visible y los tejidos más profundos no son visibles. Tejido de granulación, esfacelo y escara no están presentes.

Estas lesiones suelen ser el resultado de microclimas adversos y cizalladura en la piel sobre la pelvis y cizalla en el talón. Esta etapa no debe ser usada para describir humedad asociada daño de la piel (MASD) incluyendo dermatitis incontinencia asociada (IAD), dermatitis intertriginosa (ITD), relacionado adhesivo lesión médico de la piel (MARSI), o heridas traumáticas (lágrimas de la piel, quemaduras, abrasiones).

Stage 1 Pressure Injury – Edema

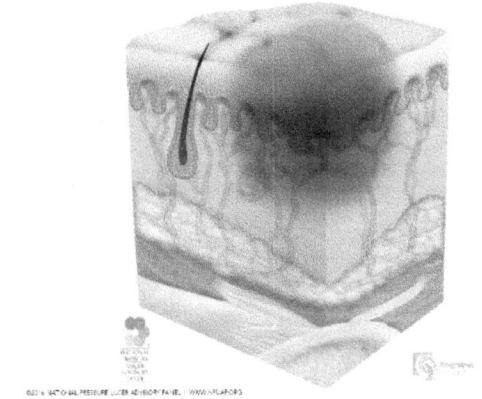

Stage 1 Pressure Injury – Lightly Pigmented

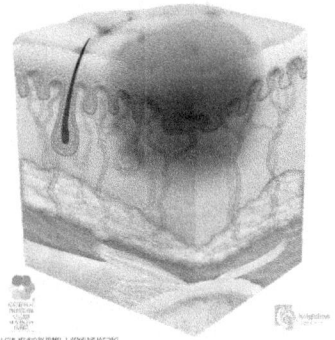

Stage 1 Pressure Injury – Darkly Pigmented

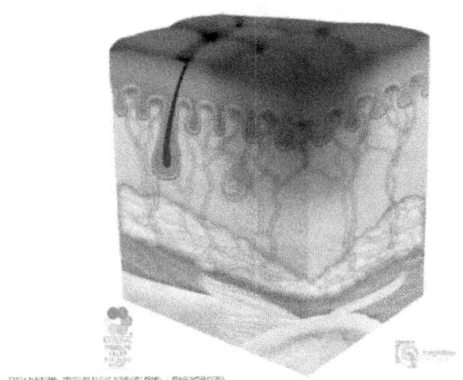

Blanchable vs Non-Blanchable

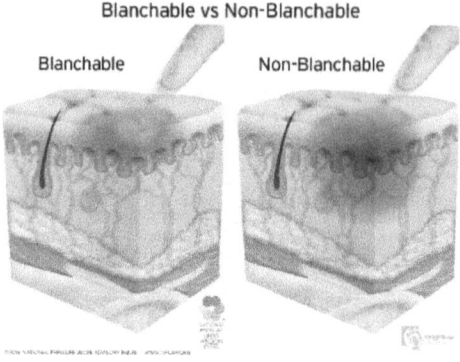

Etapa 2 Lesión por presión:

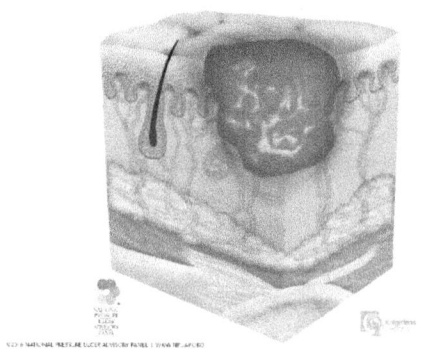

Etapa 3 Lesión por presión: Pérdida

Total de la piel Pérdida total de la piel, en la que la grasa es visible en la úlcera y con frecuencia hay tejido de granulación y epibole (bordes enrollados de la herida). Slough y / o escara pueden ser visibles. La profundidad del daño tisular varía según la ubicación anatómica; las áreas de adiposidad significativa pueden desarrollar heridas profundas.

El socavamiento y la tunelización pueden ocurrir. La fascia, el músculo, el tendón, el ligamento, el cartílago y / o el hueso no están expuestos. Si la escara o la escara ocultan la extensión de la pérdida de tejido, se trata de una lesión por presión inestable.

44

Stage 3 Pressure Injury

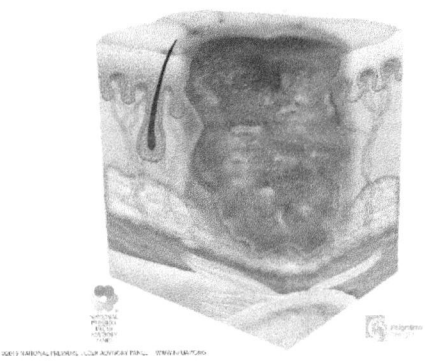

Stage 3 Pressure Injury with **Epibole**

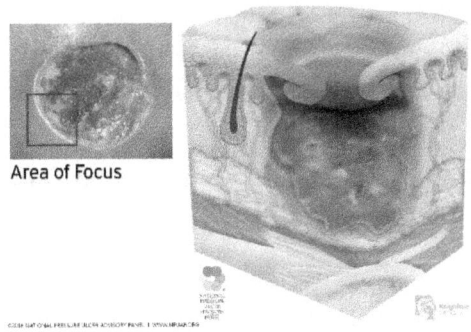

Area of Focus

Etapa 4 Lesión por presión:

Piel de espesor completo y pérdida de tejido

Piel de espesor total y pérdida de tejido con fascia expuesta o directamente palpable, músculo, tendón, ligamento, cartílago o hueso en la úlcera. Slough y / o escara pueden ser visibles. Epibole (bordes enrollados), socavación y / o tunelización a menudo ocurren. La profundidad varía según la ubicación anatómica. Si la escara o la escara ocultan la extensión de la pérdida de tejido, se trata de una lesión por presión inestable.

Stage 4 Pressure Injury

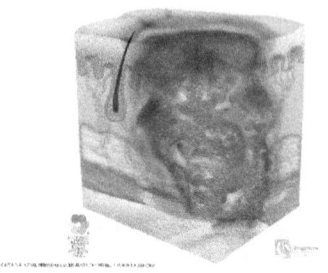

Lesión por presión inestable: pérdida obscurecida de la piel y tejidos de espesor total Piel de espesor total y pérdida de tejido en la que la extensión del daño tisular dentro de la úlcera no puede confirmarse porque está oscurecida por escaras o escaras. Si se elimina esfacelo o escara, se revelará una lesión por presión en Etapa 3 o Etapa 4. La escara estable (es decir, seca, adherente, intacta sin eritema o fluctuante) en el talón o la extremidad isquémica no debe ablandarse ni eliminarse.

Lesión por presión de tejido profundo: decoloración persistente, no blanqueable, de color rojo oscuro, granate o morado
Piel intacta o no intacta con área localizada de decoloración persistente, no blanqueable, de color rojo oscuro, granate, púrpura o separación epidérmica que revela un lecho oscuro de la herida o una ampolla llena de sangre. El dolor y el cambio de temperatura a menudo preceden a los cambios de color de la piel. La decoloración puede aparecer de manera diferente en la piel con pigmentación oscura.

Esta lesión es el resultado de la presión intensa y / o prolongada y las fuerzas de corte en la interfaz hueso-músculo. La herida puede evolucionar rápidamente para revelar la extensión real de la lesión del tejido, o puede resolverse sin pérdida de tejido.

Si el tejido necrótico, el tejido subcutáneo, el tejido de granulación, la fascia, el músculo u otras estructuras subyacentes son visibles, esto indica una lesión por presión de espesor total (No estadificable, Etapa 3 o Etapa 4). No use DTPI para describir condiciones vasculares, traumáticas, neuropáticas o dermatológicas.

Deep Tissue Pressure Injury

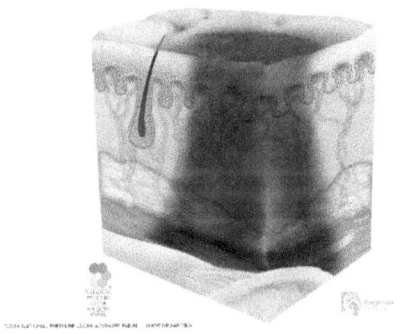

Unstageable Pressure Injury - Dark Eschar

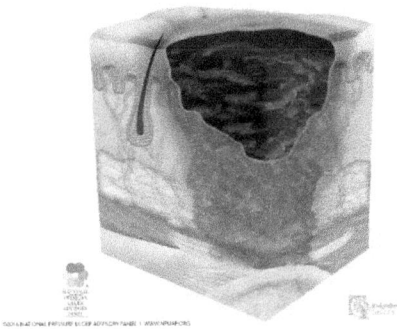

Unstageable Pressure Injury - Slough and Eschar

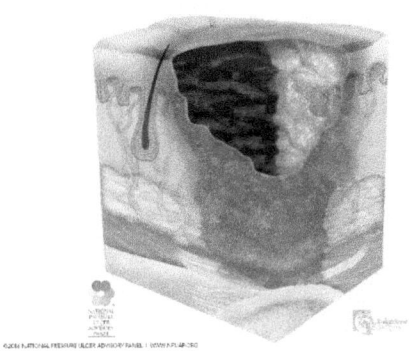

Definiciones adicionales de lesiones por presión.

Lesión por presión relacionada con un dispositivo médico: esto describe una etiología.

Las lesiones por presión relacionadas con los dispositivos médicos son el resultado del uso de dispositivos diseñados y aplicados con fines diagnósticos o terapéuticos.

La lesión por presión resultante generalmente se ajusta al patrón o forma del dispositivo. La lesión debe escenificarse utilizando el sistema de estatificación.

Lesión por la presión de la membrana mucosal: la lesión por la presión de la membrana mucosal se encuentra en las membranas mucosas con un historial de un dispositivo médico en uso en el lugar de la lesión. Debido a la anatomía del tejido, estas úlceras no pueden estadificarse.

Mucous Membrane

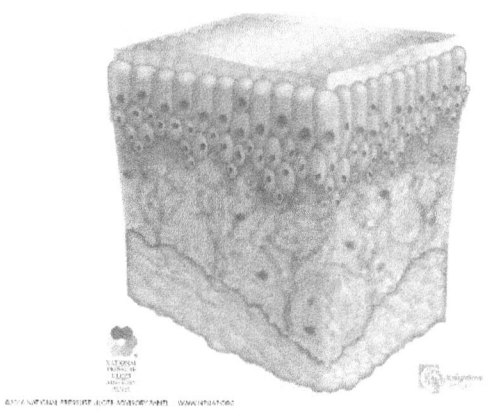

Valoración integral del paciente

Valoración del riesgo

Las asociaciones científicas tienen un consenso en donde consideran que la prevención constituye el método más eficiente de abordar el problema de las LPP. Lo que nos lleva a la identificación de los individuos que necesitan medidas preventivas y la identificación de los factores específicos que los ponen en situación de riesgo.

No existe un consenso claro entre los expertos y los profesionales de la salud sobre la forma de realizar esta valoración del riesgo de LPP. Algunas de las Guías de Práctica Clínica (GPC), más antiguas consideran como fundamental el juicio clínico de las enfermeras y sitúan las escalas de valoración como un complemento; mientras que algunas investigaciones recientes consideran que las escalas de valoración del riesgo validadas pueden ser una alternativa mejor que el juicio clínico sobre todo cuando se trata de enfermeras no expertas.

Escalas más conocidas.

Escala de Norton:

Primera EVRLPP. Descrita en la literatura, y fue desarrollada por Norton, McLaren y Exton-Smith 18 en el curso de una investigación de pacientes geriátricos. Esta escala considera cinco parámetros: estado mental, incontinencia, movilidad, actividad y estado físico; y es una escala negativa lo que significa que una menor puntuación indica mayor riesgo. En su formulación original su puntuación de corte eran los 14, aunque en 1987; Norton propuso modificar el punto de corte situándolo en 16

Escala de Braden:

Fue desarrollada en Estados Unidos en 1985, en el contexto de un proyecto de investigación en centros de salud; como intento de dar respuesta a algunas de las limitaciones de la escala de Norton. Bárbara Braden y Nancy Bersgstrom desarrollaron su escala en el marco de un esquema conceptual en el que reseñaron, ordenaron y relacionaron los conocimientos existentes sobre LLP lo que les permitió desarrollarlas bases de una EVRLPP.

La escala de Braden consta de seis subescalas: percepción sensorial, exposición de la piel a la humedad, actividad física, movilidad, nutrición, roce y peligro de lesiones cutáneas, con una definición exacta de lo que se debe interpretar en cada de uno los apartados de estos subíndices.

Prevención del riesgo de ulceras por presión

La prevención de las LPP consiste en evitar el desarrollo de las lesiones de piel, a través de cuidados enfermeros planificados a todas las personas que presentan una situación de salud que potencialmente pueda presentar riesgo de desarrollarlas.

Las actividades de cuidados que comprende se pueden clasificar en diferentes áreas:

Intervenciones para el cuidado de las ulceras por presión

-Cuidados de la piel

-Cuidados nutricionales

-Control del exceso de la humedad

-Manejo de la presión

-Actividad física

-Cambios posturales y/o posicionamiento del paciente

-Protección local ante la presión

-Superficies especiales de manejo de la presión (SEMP).

-Educación.

Proceso de enfermería en la prevención de las lesiones por presión.

El Proceso enfermero (PE) es la herramienta metodológica con que cuenta la disciplina para organizar de manera sistemática, el cuidado que brinda a las personas, el método científico aplicado a los cuidados. Se estructura en cinco etapas: valoración, diagnostico, planeación, ejecución y evaluación.

La forma de expresión escrita del PE es a través de los planes de cuidados, los cuales se establecen gracias a la taxonomía North American Nursing Diagnosis Association (NANDA) dando lugar a los diagnósticos enfermeros, Nursing Outcomes Classification (NOC) estableciendo los objetivos/resultados esperados y Nursing Interventions Classification (NIC) contribuyendo en las intervenciones o actividades que hay que aplicar para la consecución de los objetivos.

Este lenguaje estandarizado y universal facilita la recogida de información entre los profesionales de enfermería. Por lo tanto, es su responsabilidad la aplicación del PE correctamente basándose en la evidencia científica más actualizada. En este sentido, la función de enfermería es fundamental para la prevención y tratamiento de las lesiones de piel, con el fin de mejorar la calidad de los cuidados y disminuir la prevalencia de las LPP. Diagnósticos de enfermería en Úlceras por Presión. (57)

La valoración, es la primera etapa del PE en la que se realiza la recolección de los datos e interpretación de la información del paciente, familia y comunidad planificación, fase en la que se establecen prioridades y objetivos para el logro de los resultados definidos; etapa, en la que se lleva a cabo el Plan de Cuidados de Enfermería (PC), utilizado como instrumento para demostrar y comunicar la situación del paciente, los resultados esperados mediante su aplicación, las estrategias, indicaciones, intervenciones y la evaluación de todo ello.

Informa sobre el estado de salud pasado y presente del paciente, así como de sus necesidades; en la ejecución, se lleva a cabo el plan, poniéndose en práctica las intervenciones, y enfermería debe de registrarlas durante todo el proceso según proceda. Evaluación: es la última fase, en la que se evalúan los resultados obtenidos, se valora si las intervenciones empleadas han sido eficaces o si se necesita modificar alguna de ellas.

La taxonomía NANDA, NOC, NIC, como herramientas estandarizadas, dan consistencia y apoyo a las etapas del PE: Diagnostico, planificación, ejecución y evaluación. El lenguaje enfermero utilizado para identificar los diagnósticos de enfermería en el Plan de Cuidados es la taxonomía de la NANDA, este acopia un conjunto de diagnósticos enfermeros, los cuales hacen referencia a respuestas humanas a problemas de salud reales y potenciales o a procesos de vida, no son procesos de enfermedad.

La elección correcta del diagnóstico permite identificar la necesidad del paciente. Cada diagnóstico de enfermería se relaciona con unos factores, los cuales para ser un diagnóstico válido han de poderse modificar por la actuación enfermera. (58)

El diagnóstico de enfermería es la etapa del PE donde se identifican los diagnósticos de salud encontrados en la persona, una vez realizado el análisis de los datos recogidos en la fase de valoración. Éstos diagnósticos se nombran a través de la taxonomía NANDA. Dicha taxonomía ha sido actualizada recientemente, y en la última edición 2015-2017 se establecen un total de 235 diagnósticos enfermeros, habiéndose incorporado 25 nuevos Diagnósticos de enfermería en Úlceras por Presión. (57)

Para identificar los diagnósticos de enfermería es necesario la correcta valoración, para ello se sugiere el uso de modelos de enfermería como referente para la valoración general, entre ellos el modelo de cuidados de Virginia Henderson, de su marco conceptual de valoración de 14 Necesidades Básicas, este es totalmente compatible con el PE, cuestión esencial para que tenga aplicación en la práctica. Además es posible integrar, junto con el modelo de cuidados y el PE, los lenguajes estandarizados NANDA-NOC-NIC (NNN), cada vez más incorporados en el quehacer de las enfermeras y en los sistemas de información.

Permite a las enfermeras trabajar desde un plano propio y también en colaboración con otros profesionales, hecho de gran valor en muchos entornos de cuidados y en nuestra realidad asistencial. (59)

El modelo de cuidados de Virginia Henderson basado en las necesidades que contribuyen a la aparición de LPP como son:

Necesidad de comer y beber adecuadamente, necesidad de eliminar por todas las vías corporales, necesidad de moverse y mantener posturas adecuadas, necesidad de dormir y descansar, necesidad de escoger la ropa adecuada: vestirse y desvestirse, necesidad de mantener la temperatura corporal dentro de los límites normales adecuando la ropa y modificando el ambiente, Mantener la higiene corporal y la integridad de la piel, Necesidad de evitar peligros ambientales y evitar lesionar a otras personas, Necesidad de comunicarse con los demás, expresando emociones, necesidades, temores u opiniones.

Otro modelo de valoración es la utilización de los patrones funcionales de Marjorie Gordon, como son percepción-manejo de salud, nutrición-metabólico, eliminación, actividad-ejercicio, sueño descanso, cognitivo-perceptivo, autopercepción-auto concepto y los Dominios de la NANDA, entre otros.

La valoración de los patrones funcionales y de las necesidades, se complementan ya que los diagnósticos de enfermería ayudan en la tarea de fundamentar los problemas detectados en las necesidades humanas, confirmando la carencia de las necesidades básicas.

Proceso enfermero desde el modelo de cuidado de Virginia Henderson y los lenguajes NNN. La escogencia del referente para valorar, estará sujeto a la autonomía profesional o al protocolo utilizado en el lugar de trabajo.

Al aplicar la metodología NANDA, los diagnósticos de enfermería encontrados con mayor frecuencia son:

- Dominio 2 Nutrición

    o -Desequilibrio nutricional: inferior a las necesidades corporales

    o -Sobrepeso

    o -Déficit de volumen de líquidos

    o -Exceso de volumen de líquidos.

- Dominio 3 Eliminación e intercambio

    o -Incontinencia fecal

    o -Deterioro de la eliminación urinaria

- Dominio 4 Actividad/Reposo

    o -Deterioro de la movilidad en cama

    o -Deterioro de la movilidad en silla de rueda.

    o -Riesgo de síndrome de desuso

    o -Déficit de autocuidado: baño

- Dominio 11 Seguridad/Protección.

    o -Deterioro de la integridad cutánea

    o -Riesgo de deterioro de la integridad cutánea

    o -Riesgo de deterioro de la integridad tisular.

    o -Deterioro de la integridad tisular.

-Riesgo de Lesiones por Presión. (58)

Se destaca el Dominio 11 Seguridad/Protección por contemplar los diagnósticos de Deterioro de la integridad cutánea, definido por la NANDA como una alteración de la epidermis y/o dermis.

Riesgo de deterioro de la integridad cutánea, definido como: vulnerable a una alteración en la epidermis y/o dermis, que puede comprometer la salud.

Deterioro de la integridad tisular, se define como lesión de la membrana mucosa, cornea, sistema tegumentario, fascia muscular, musculo, tendón, hueso, cartílago, capsula articular y /o ligamento.

Riesgo de deterioro de la integridad tisular, definido como vulnerable a una lesión de la membrana mucosa, cornea, sistema tegumentario, fascia muscular, musculo, tendón, hueso, cartílago, capsula articular y /o ligamento, que puede comprometer la salud. (58)

Deterioro de integridad cutánea y deterioro de integridad tisular. La principal diferencia entre el deterioro de la integridad cutánea y el de la integridad tisular es que cuando se habla de deterioro cutáneo se altera la epidermis y/o dermis, y en el deterioro tisular la lesión afecta a mucosa, córnea, fascia muscular, músculo, tendón, hueso, cartílago, cápsula articular y/o ligamento.

Riesgo de úlcera por presión, definido por la NANDA como vulnerable a una lesión localizada de la piel y/o capas inferiores del tejido epitelial, generalmente sobre una prominencia ósea, como resultado de la presión o de la presión combinada con el cizallamiento. (58)

Otros diagnósticos relacionados son dolor crónico y agudo y riesgo de infección, los cuales son abordados por el profesional de enfermería, en colaboración con el médico; Diagnostico cansancio del rol del cuidador, éste diagnóstico en el ámbito de la Atención Primaria (AP), los familiares y cuidadores adquieren un papel imprescindible, es un diagnóstico que no se dirige directamente al problema, pero sí no se trabaja repercute directamente en él, ya que si el cuidador no está en condiciones óptimas para cuidar, los resultados no van a ser los esperados y los cuidados no se ejercerán de forma correcta sobre el paciente, afectando así a la prevención y/o curación de la lesión.

Como factores relacionados para estos diagnósticos se encuentran el déficit de autocuidados, deshidratación, disminución de la movilidad, edad, radiación, medicamentos, factores mecánicos (presión, fricción y cizalla), humedad, prominencias óseas y alteración del estado nutricional, conocimiento insuficiente del cuidador, uso de ropa de cama con insuficiente capacidad de absorción de la humedad, piel seca. (57)

Una vez establecido el diagnóstico hay que construir unos resultados, los cuales deben enfocarse tanto a la etiqueta diagnóstica, como a los factores relacionados. Éstos resultados son los llamados NOC los cuales están diseñados para describir la condición del paciente tras la aplicación de las intervenciones de enfermería, es decir sirven para evaluar la situación del paciente una vez aplicadas las actividades o intervenciones enfermeras. Los criterios de resultado o NOC, que son los objetivos que se quieren alcanzar en el paciente con riesgo y/o con lesiones por presión, son:

-Integridad tisular: piel y membranas mucosas

-Control y Detección del riesgo

-Curación de la herida por segunda intención, movilidad, auto-cuidados.

Finalmente, para conseguir los resultados del paciente se emplean las intervenciones de enfermería (NIC), las cuales son actividades o acciones que ayudan al paciente a lograr los resultados esperados. (60)

Para conseguir los objetivos, las intervenciones o actividades, que ayudarán a conseguirlos y que estarán contenidas dentro de lo que en metodología enfermera se denominan NIC, entre los más utilizados se encuentran: manejo de las presiones, la vigilancia de la piel y los cuidados de las LPP, potenciar una ingesta oral adecuada de proteínas, calorías y líquidos, cambios posturales, no realizar masaje en las zonas de mayor presión, mantener piel limpia y seca, uso de jabones neutros, utilizar absorbentes adecuados, Vigilancia de la piel y Manejo de presiones, Cuidados de las Úlceras por Presión, Vigilancia de la piel y Cuidados de las heridas. (57)

Políticas de seguridad en salud

La Organización Mundial de la salud (OMS) en octubre de 2004, instalo la Alianza Mundial para la Seguridad del Paciente, creada con el propósito de coordinar, difundir y acelerar las mejoras en materia de seguridad del paciente en todo el mundo, su creación destaca la importancia internacional del asunto.

La seguridad del paciente se define como el conjunto de elementos estructurales, procesos, instrumentos y metodologías basadas en evidencia científicamente comprobadas que propendan por minimizar el riesgo de sufrir eventos adversos en el proceso de atención de salud o de mitigar sus consecuencias. En sentido estricto, se puede hablar de seguridad del paciente, como la ausencia de accidentes, lesiones o complicaciones evitables, producidos como consecuencia de la atención en salud recibida.

La Seguridad del Paciente es una prioridad de la atención en salud en nuestras instituciones, los incidentes y eventos adversos son la luz roja que alerta acerca de la existencia de una atención insegura.

Teniendo en cuenta que en el proceso de atención de salud, hay cierto grado de peligrosidad y riesgo de sufrir eventos adversos en relación con problemas de la práctica clínica, de los productos, de los procedimientos o del sistema. Para mejorar la seguridad del paciente requiere por parte de todo el sistema un esfuerzo complejo que abarca una amplia gama de acciones dirigidas hacia la mejora del desempeño. Los eventos adversos se presentan en cualquier actividad y son un indicador fundamental de la calidad de esa actividad.

En los países en vía de desarrollo la falta de cultura hacia la seguridad del paciente, entre otros, conducen a una mayor probabilidad de ocurrencia de eventos adversos evitable. La cultura de seguridad del paciente está relacionada con las creencias y actitudes que asumen las personas en su práctica para garantizar que no experimentará daño innecesario o potencial asociado a la atención en salud.

En este sentido en Colombia impulsa una Política de Seguridad del Paciente, liderada por el Sistema Obligatorio de Garantía de Calidad de la Atención en Salud, cuyo objetivo es prevenir la ocurrencia de situaciones que afecten la seguridad del paciente, reducir y de ser posible eliminar la ocurrencia de Eventos Adversos para contar con instituciones seguras y competitivas internacionalmente; así, desde junio de 2008, el Ministerio de la Protección Social expidió los "Lineamientos para la implementación de la Política de Seguridad del Paciente.

Como parte de la misma Política de Seguridad del Paciente, el Ministerio de la Protección Social por medio de la Unidad

Sectorial de Normalización, desarrolló un documento que recoge las prácticas más relevantes desarrolladas en el ámbito de la Seguridad del Paciente, estamos hablando de la Guía Técnica "Buenas Prácticas para la seguridad del paciente en la atención en salud", cuya orientación es brindar a las instituciones directrices técnicas para la operativización e implementación practica de los mencionados lineamientos en sus procesos asistenciales.

En Colombia existen lineamientos por parte del gobierno, prestadores y aseguradores de desarrollar procesos que garanticen a los usuarios una atención segura en las instituciones de salud para desarrollar y fortalecer los conocimientos y competencias para abordar general y claramente el tema de "La Política de Seguridad del Paciente". Por ello, antes que adoptar algunas buenas prácticas, a través de la Unidad Sectorial de Normalización, el Ministerio de la Protección Social desarrollo un documento que sirva de guía a las instituciones prestadoras de servicios de salud, acerca de las prácticas asistenciales más seguras para los pacientes.

Este documento es una Guía Técnica en "Buenas Prácticas para la Seguridad del Paciente en la Atención en Salud". El propósito de la Guía Técnica es brindar a las instituciones recomendaciones técnicas, para la operativización e implementación práctica de los mencionados lineamientos en sus procesos asistenciales, recopila una serie de prácticas disponibles en la literatura médica que son reconocidas como prácticas que incrementan la seguridad de los pacientes, bien sea porque cuentan con evidencia suficiente, o porque aunque no tienen suficiente evidencia, so recomendadas por diferentes grupos de expertos.

Así mismo, el Decreto 1011 del 2006, por el cual se establece el Sistema Obligatorio de Garantía de Calidad de la Atención de Salud del Sistema General de Seguridad Social en Salud.

Sistema Único de Habilitación. Es el conjunto de normas, requisitos y procedimientos mediante los cuales se establece, registra, verifica y controla el cumplimiento de las condiciones básicas de capacidad tecnológica y científica, de suficiencia patrimonial y financiera y de capacidad técnico-administrativa, indispensables para la entrada y permanencia en el Sistema, los cuales buscan dar seguridad a los usuarios frente a los potenciales riesgos asociados a la prestación de servicios y son de obligatorio cumplimiento por parte de los Prestadores de Servicios de Salud y las EAPB.

Por otra parte en el marco normativo, del Sistema Único de habilitación en Colombia, contempla la Prevención de escaras o Lesiones por Presión (decúbito) Ministerio de Salud y Protección Social República de Colombia.

La Guía Técnica "buenas prácticas para la seguridad del paciente en la atención en salud" (6), definen las LPP como escaras y consideran que son lesiones causadas por presión, fricción o cizalla, o por combinación de estos tres tipos de fuerzas, que afectan a la piel y tejidos subyacentes .Además señalan que la prevención debe considerar la identificación de personas con riesgo de desarrollar úlceras por presión, no solo en las áreas de contacto con protuberancias óseas, sino también en los sitios de contacto permanente con sondas de drenaje o de alimentación.

Con el establecimiento de la norma del Ministerio de Salud y Protección Social y la creación el Sistema Obligatorio de Garantía de Calidad de la Atención en Salud (SOGCS), la cual impulsó la política de la seguridad del paciente al considerar las LPP como un evento adverso, se dio inicio a la implementación de estrategias de monitoria y seguimiento para la prevención de las lesiones de piel de manera formal.

La identificación del riesgo de úlceras por presión se realiza mediante diferentes actividades como son la valoración de la movilidad, de incontinencia, de déficit sensorial y del estado nutricional; se debe llevar a cabo una valoración de la integridad de la piel, de la cabeza a los pies, en los pacientes en riesgo en el momento del ingreso, y a partir de ahí diariamente. Adicionalmente, esta valoración debe combinar el juicio clínico y los instrumentos estandarizados. Se debe reevaluar a los pacientes con regularidad y documentar los hallazgos e incrementar la frecuencia de las valoraciones especialmente si se deteriora el estado del paciente.(6)

Guía de práctica clínica basada en evidencia científica

Objetivos de la guía

- Lograr uniformidad de criterios en la PREVENCIÓN Y TRATAMIENTO de las Lesiones por Presión

- Identificar factores de riesgo en pacientes con vulnerabilidad a desarrollar Lesiones por Presión.

- Describir lineamientos en relación a los procedimientos e intervenciones en la prevención y tratamiento de las úlceras por presión

- Organizar sistemáticamente toda la documentación en la prevención y tratamiento de lesiones por presión, con el fin de facilitar el registro de actividades y evaluación de las mismas.

- Disminuir la variabilidad de la práctica profesional diaria.

- Facilitar el trabajo, especialmente a los profesionales de nueva incorporación.

- Optimizar los recursos existentes adecuándolos a las necesidades de la población y los profesionales.

- Mejorar la comunicación y la continuidad de cuidados entre los diferentes ámbitos de actuación.

- Promover la investigación y formación de todos los profesionales relacionados con la atención a los pacientes de riesgo y con úlceras por presión.

- Incorporar la evidencia científica en la práctica enfermera

Guías de prácticas clínica (GPC):

Es el conjunto de recomendaciones desarrolladas de manera sistemática, con el objetivo de guiar a los profesionales y a los pacientes en el proceso de la toma de decisiones sobre qué intervenciones de salud son más adecuadas en el abordaje de una condición clínica específica, en circunstancias concretas 2. En las guías de práctica clínica es necesario reconocer el nivel de evidencia clínica y el nivel de recomendación.

Nivel de evidencia clínica:

El nivel de evidencia clínica o el nivel de calidad de la evidencia es la confianza generada sobre la exactitud real del estimado del efecto de un estudio, mientras que el grado de recomendación o la fuerza de la recomendación es el nivel de seguridad que se genera cuando la evidencia a dicho consejo es más beneficio que perjudicial. (Grade Working Group)3

Según la Canadian Task Force On the Periodic Health Examination, los juicios acerca de la evidencia para determinar su nivel y recomendación son complejos por lo que se basan en sistemas de graduación adecuadamente definidos.

Nivel I. Evidencia obtenida al menos de un ensayo clínico controlado y aleatorizado diseñado de forma adecuada.

Nivel II.1. Evidencia obtenida a partir de ensayos controlados no aleatorizados y bien diseñados.

Nivel II.2. Evidencia obtenida a partir de estudios cohorte o caso-control bien diseñados, realizados preferentemente en más de un centro o por más de un grupo de investigación.

Nivel II.3. Evidencia obtenida mediante estudios comparativos de tiempo o lugar, con o sin intervención.

Algunos estudios no controlados pero con resultados espectaculares (como los resultados de la penicilina en los años cuarenta) también pueden ser considerados en este grado de evidencia.

Nivel III. Opiniones basadas en experiencias clínicas

estudios descriptivos o informes de comités de expertos

Grado recomendación

- A (1a, 1b)

- Requiere al menos un ensayo controlado aleatorio diseñado correctamente y de tamaño adecuado o bien un metanálisis de ensayos controlados aleatorizados.

- B (2a, 2b, 3)

- Requiere disponer de estudios clínicos metodológicamente correctos que no sean ensayos controlados aleatorios sobre el tema de la recomendación. Incluye estudios que no cumplen los criterios de A o de C.

- C(4)

- Requiere disponer de documentos y opiniones de comités de expertos y/o experiencias clínicas de autoridades reconocidas. Indica la ausencia de estudios clínicos directamente aplicables de alta calidad.

Recomendaciones	Tip o de fuente
Evaluación	
Realizar y documentar la evaluación del riesgo de desarrollar LPP a todos los adultos en el momento del ingreso hospitalario, previo a una cirugia y, en servicios de urgencias si tiene algún factor de riesgo de los siguientes (16): Deterioro de la movilidad LPP previa o actual Edad avanzada Deficiencias nutricionales Incapacidad para reposicionarse Deterioro cognitivo significativo Estado general de la piel (humedad, incontinencia, escoriaciones, etc.) (24) Perfusión (incluye diabetes) (24)	(16) GPC (24) RS

Incluir en la evaluación al cuidador si es posible, como fuente de información	
Realizar la evaluación con un máximo de 8 horas posteriores a la admisión del paciente (20)	20 (GPC)
Considerar el uso de una escala validada para apoyar el juicio clínico (Braden) de las personas con LPP. La escala Braden puede consultarse en el anexo 5.	16, 17 (GPC)
Reevaluar el riesgo a intervalos periódicos (17) observar si existe cambios clínicos: después de una cirugía, empeoramiento de la enfermedad o cambios en la movilidad. (16)	16, 17 (GPC)

Criterios para la prevención

Valoración del paciente y del cuidador

- Se aconseja utilizar la escala validada de Braden. Esta escala tiene mayor sensibilidad y especificidad que otras y valora aspectos nutricionales. (A)

- La valoración de riesgo se realizará inmediatamente al ingreso y de forma periódica durante la estancia.(A)

- Se recomienda evaluar el riesgo siempre que se produzcan cambios en el estado general del paciente.

- Es necesario identificar al cuidador principal y valorar la capacidad, la habilidad, los conocimientos, los recursos y la motivación de este y del paciente para participar en el plan de cuidados. (C)

- Reevaluar las lesiones una vez a la semana o antes si hay deterioro.(C)

- El mejor tratamiento para las LPP es su prevención. Los cuidados para LPP son complejos, y multifactorial lo que predisponen al individuo a su desarrollo es importante y necesario que los cuidados estén fundamentados en las mejores evidencias científicas disponibles. La prevención contempla la elaboración de un plan de cuidados individualizado que irá encaminado a disminuir los factores de riesgo

- Mantener y mejorar la tolerancia de la piel a la presión para prevenir lesiones

- Proteger contra los efectos adversos de presión, fricción y cizallamiento

- Reducir la incidencia de Lesiones por Presión a través de programas de educación

- Es importante valorar la posibilidad de acceder a los recursos sociales disponibles para facilitar los cuidados.

- El riesgo debe ser reevaluado a intervalos periódicos.(C)

Puntuación total escala de Braden

Población diana y factores de riesgo

Etapa 1 Lesión por presión: eritema no blanqueable de la piel intacta se considera un factor de riesgo para el desarrollo de una úlcera más grave.

- Se ha comprobado que el 90 % de los enfermos con menos de 20 movimientos espontáneos durante la noche desarrollan úlceras.

- Las fuerzas de cizallamiento se producen al deslizarse la persona cuando está mal sentada y/o cuando el cabecero de la cama se eleva más de 30° (posición de Fowler alta)

- De los factores asociados al riesgo de aparición de lesiones por presión, los más importantes son: la inmovilidad, la incontinencia, el déficit nutricional y el deterioro cognitivo.

Cuidados de la piel

El objetivo de los cuidados de la piel es mantener su integridad, evitando la aparición de úlceras por presión y lesiones. Para ello se examinará la piel, al menos una vez al día y se mantendrá una higiene básica de la piel (C)

Examen de la piel (vigilancia)

- Prominencias óseas

- Zonas de exposición a humedad constante

- Signos de alarma cutáneos: sequedad, lesiones, eritemas, maceración, piel de cebolla...

- Zonas con dispositivos terapéuticos (mascarillas oxígeno, ventilación mecánica no invasiva, sondas vesicales, sujeciones mecánicas, férulas y yesos, sondas naso-gástricas)

- Zonas con lesiones anteriores.

Zonas de riesgo de desarrollar UPP

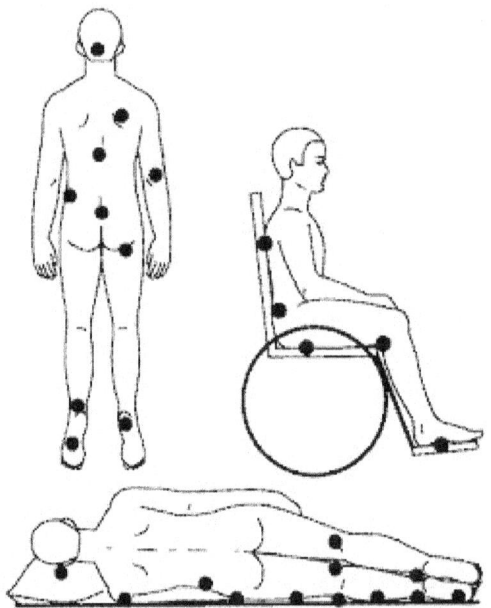

Fuente: Servicio Andaluz de Salud Consejería de Salud; Guía para la prevención de las UPP. 2017-2018 p. 14

Higiene básica de la piel

- Utilizar jabones con un PH neutro no irritativo ©

- Utilizar apósitos hidrocoloides en las prominencias óseas y zonas de presión y alto riesgo (A)

- Utilizar apósitos hidrocoloide para manejar la fricción (B)

- Lavar la piel con agua y jabón, aclarar y secar cuidadosamente por empapamiento los pliegues cutáneos (C)

- Aplicar lociones hidratantes específico hasta su absorción (C)

- No utilizar soluciones que contengan alcohol

- Utilizar ácidos grasos hiperoxigenados en las zonas de riesgo de úlceras por presión. (A)

- No realizar masajes en las prominencias óseas. (B)

Cuidados nutricionales

- Con frecuencia en los pacientes con Lesiones por Presión se combinan otros factores que dificultan una adecuada nutrición como la edad avanzada, la inapetencia, la carencia de dientes, problemas neurológicos, bajo nivel de conciencia

- El déficit nutricional interviene en la cicatrización de las Lesiones por Presión y en la aparición de complicaciones locales como la infección, provocando un retraso o incluso la imposibilidad de la cicatrización total de las lesiones. Por tanto, los objetivos de los cuidados en nutrición son valorar el estado nutricional.

Control del exceso de humedad

- Valorar todos los procesos que puedan originar un exceso de humedad en la piel: incontinencia, sudoración profusa, drenajes, exudados de heridas, fiebre (C)

- Programar vigilancia y cambios de pañal, en consonancia con los procesos anteriormente descrito(C)

- Programar cambios de ropa complementarios, si fuera

necesario (C)

- Valorar la posibilidad de utilizar dispositivos de control ,para cada caso:(C)

- Incontinencia: Colectores, sondas vesicales ,pañales absorbentes

- Drenajes: Utilización de dispositivos adecuados y vigilar fugas del drenaje

- La incontinencia, tanto urinaria como fecal, es una de los factores asociados con más relevancia para la producción de úlceras por presión

- El manejo de la incontinencia urinaria, fecal o mixta, debe incluir, desde una valoración de la misma hasta unos cuidados específicos.

Manejo de la presión

El objetivo del manejo de la presión es proporcionar los cuidados adecuados para evitar los efectos adversos de la presión directa, tangencial y cizallamiento

Normas generales del manejo de la presión

- Elaborar un plan de cuidados que incentive y mejore la actividad y movilidad de paciente(B)

- Es importante aprovechar al máximo las posibilidades del paciente de moverse por sí mismo (C)

- En pacientes colaboradores, fomentar y facilitar la movilidad y actividad física en la medida de sus posibilidades (C)

- En pacientes no colaboradores (demencia, coma...)

- Realizar una movilización pasiva de las articulaciones aprovechando los cambios posturales. (C)

Manejo de la presión.

Actividad física

- Valorar la movilidad del enfermo.

- Recomendar planes para estimular la actividad y el movimiento del enfermo (B)

Cambios posturales

Los cambios posturales son de gran importancia tanto en la prevención como en el tratamiento. Se considera que éstos deben:

- Mantener la alineación corporal y fisiológica del enfermo.

- No arrastrar al enfermo al cambiarlo de postura.

Paciente en silla

- Si el paciente se encuentra sentado se efectuará las movilizaciones cada 15 minutos (C)

- Si no se puede movilizar, se le realizaran, al menos, cada hora (C)

- No utilizar flotadores o rodetes cuando el paciente esté en sedestación (B)

- Si no se pueden mantener las recomendaciones anteriores, retornar al paciente a la cama (C)

Paciente en la cama

- Programar los cambios posturales de manera individualizada, dependiendo de la superficie en la que está el paciente. (A)

- Como regla general se pueden programar a intervalos de 2-4 h (C)

- En decúbito lateral, no sobrepasar los 30° (C)

- En elevación de cama no sobrepasar los 30° (C)

- Si la elevación de la cama fuera de más de 30°, mantenerla el tiempo mínimo (C)

Protección local ante la presión

- Vigilar las zonas especiales de riesgo de desarrollar úlceras por presión: talones, occipital, pabellones auditivos, nariz, pómulos.(C)

- Vigilar los dispositivos terapéuticos que puedan producir presión: oxigenoterapia, sondas, ventilación mecánica no invasiva, férulas, yesos, tracciones. (C)

- Utilizar sistemas de alivio local de la presión, como, apósitos hidrocoloides anatómicos, almohadillas especiales de gel, botines específicos, aplicación de acidos grasos hiperoxigenados (A)

- Utilizar apósitos hidrocoloides con forma de talón, son la mejor opción frente a la protección tradicional con algodón y venda, para prevenir las úlceras por presión

Superficies especiales de manejo de la presión (SEMP)

- Las superficies especiales de manejo de la presión (SEMP) son aquellas superficies diseñadas para actuar sobre la presión, reduciéndola o aliviándola.

- La selección y la elección de una SEMP, son de gran importancia en la política de prevención y tratamiento de las Lesiones por Presión. En el proceso de selección de SEMP se debe tener en cuenta aspectos clínicos, económicos, de mantenimiento y limpieza.

Tipos de superficies especiales para el manejo de la presión:

Superficies estáticas

- Actúan aumentando el área de contacto con el paciente,

repartiendo la presión y disminuyéndola en las prominencias óseas.

- Colchonetas, Colchones Y Cojines:

- Visco Elásticos

- De Espumas De Alta Densidad

- De Fibras Especiales (Siliconadas)

- De Gel

- De Aire

    Superficies dinámicas

- Permiten variar continuamente los niveles de presión mediante un cambio constante de los puntos de apoyo del paciente

- Colchonetas y cojines

- Alternantes de aire (de celdas pequeñas, medianas o grandes)

- Colchones de aire alternante de posicionamiento lateral

- Camas fluidificadas bariátricas.

- Todos los pacientes de riesgo deberán situarse sobre una superficie especial. (A)

- La elección de una superficie especial deberá basarse en el riesgo del paciente, según la escala elegida. (A).

- Los pacientes con lesiones medulares graves, deberán de disponer de una superficie estática en primer término y valorar la alternancia de aire para su restricción de movilidad. (C)

- En pacientes pediátricos se utilizaran superficies dinámicas y estáticas adaptadas a su peso y tamaño.

    Recomendaciones para la educación

    El objetivo es facilitar, mediante programas de Educación para la Salud, los conocimientos y habilidades necesarias para la prevención de las úlceras por presión. Para ello es imprescindible:

Valorar la capacidad del paciente, familia y cuidadores en la participación de los programas preventivos.

Realizar los programas de forma estructurada, organizada y fácilmente entendibles (B).

El programa educativo se actualizará, en sus contenidos, periódicamente.

Todos los programas incluirán mecanismos de evaluación

Resumen de medidas preventivas

- Identificar la población diana.

- Valorar el riesgo (escala de Braden).

- Mantener y mejorar el estado de la piel.

- Manejar la carga tisular para disminuir la presión, la fricción y/o el cizallamiento.

- Controlar el estado nutricional y de hidratación del paciente.

- Favorecer la oxigenación.

- Proporcionar educación en salud al paciente y/o al cuidado

Es importante complementar las recomendaciones de prevención al paciente y/o cuidador con información que se entregue en los materiales informativos que se le faciliten a los pacientes/cuidadores:

- **¿Qué es una lesión por presión (LPP)?** Una LPP es una lesión en la piel y/o tejidos más profundos producida por el roce y/o una presión mantenida en el tiempo en una determinada zona del cuerpo, principalmente en las prominencias óseas (talones, codos, sacro, espalda, cadera, etc.). Es muy importante extremar la vigilancia de esas zonas cuando la persona se encuentra sentada, en cama o recostada de lado.

- **Personas tienen más riesgo de desarrollar una LPP.** Son aquellas que tienen la movilidad reducida, encamados, con deterioro cognitivo, déficit nutricional, edad avanzada con incontinencia urinaria o fecal y mal estado general de la piel.

- **Signos de alarma ante la aparición de LPP:** los primeros signos de alarma. Se deben identificar las zonas enrojecidas en las zonas de apoyo que al presionarlas con el dedo no revierten a su color original estaríamos ante el principal indicador de sospecha de desarrollo de una LPP por lo que se deben extremar las medidas de prevención y la vigilancia.

- **Consecuencias de desarrollar una LPP:** Las consecuencias pueden ser muy graves, llegando a producir infecciones y dolor a la persona que la padece.

- **Tipos de dispositivos de alivio de presión y su uso**: Para la prevención de las LPP existen diferentes tipos de dispositivos que alivian y redistribuyen la presión, es importante su uso precoz, acompañado del resto de medidas preventivas. No olvide leer correctamente las instrucciones de colocación y uso para garantizar su óptimo funcionamiento. Entre estos dispositivos de alivio de presión cabe destacar las superficies viscolásticas, y las de aire alternante. Es importante no sólo usar superficies de alivio de presión en el paciente encamado (colchones anti escaras) sino también en los pacientes que se encuentran en sedestación (sentados) el uso de cojines que dispersen la presión. Nunca utilice cojines tipo rosco.

Glosario

- **Autocuidado:** Estrategia fundamental para promover la vida y el bienestar de las personas, de acuerdo con sus características culturales de género, etnia, clase y ciclo vital.

- **Ácidos grasos:** Compuestos formados por un conjunto de ácidos grasos esenciales obtenidos por un particular proceso de hiperoxigenación que favorece la restauración del film hidrolípidico, evitando la deshidratación cutánea y mejora de la microcirculación

- **Apósito:** Material aplicado a las heridas, con fines diversos como protección, absorción y drenaje.

- **Apósitos hidrocoloides:** Están constituidos por una capa de material formador de gel adherida a una película semipermeable o a una espuma de apoyo. Contiene una combinación de materiales absorbente como carboximetilcelulosa sódica, pectina y gelatina. Es un apósito absorbente y autoadhesivo

- **Cizalla:** Fuerza tangencial entre la piel y planos profundos.

- **Desbridamiento:** Conjunto de mecanismos (fisiológicos o externos), dirigidos a la retirada de tejidos necróticos, exudados, colecciones serosas o purulentas y/o cuerpos extraños asociados, es decir todos los tejidos y materiales no viables presentes en el lecho de la herida.

- **Excoriación:** levantamiento o irritación de la piel, de manera que esta adopta un aspecto escamoso.

- **Eritema:** reacción inflamatoria de la piel. Su significado literal es rojo y el rasgo que la caracteriza es un enrojecimiento de la piel.

- **Eritema no blanqueable:** Piel integra, eritema no blanqueable.

- **Evento adverso:** es el resultado de una atención en salud que de manera no intencional produjo daño.

- **-Evento adverso prevenible:** resultado no deseado, no intencional, que se habría evitado mediante el cumplimiento de los estándares del cuidado asistencial disponibles en un momento determinado.

- **Evento adverso no prevenible:** resultado no deseado, no intencional, que se presenta a pesar del cumplimiento de los estándares del cuidado asistencial.

ESCALAS DE VALORACIÓN DEL RIESGO DE DESARROLLA LPP (EVRLPP):

Instrumento que establece una puntuación o probabilidad de riesgo de desarrollar Lesiones por Presión en un paciente, en función de una serie de parámetros considerados factores de riesgo.

- **Esfacelos**: Tejido amarillo o blanco que se adhiere al lecho de la úlcera en bandas de aspecto fibroso, bloques o en forma de tejido blando muciforme adherido.

- **Flictena:** Es una ampolla que se produce como mecanismo de defensa del cuerpo humano consistente en una lesión elevada, palpable y circunscrita, llena de líquido linfático y otros fluidos corporales que se forma en la epidermis.

- **Fricción:** Es la fuerza que existe entre dos superficies en contacto, que se opone al movimiento relativo entre ambas superficies (fuerza de fricción dinámica) o la fuerza que se opone al inicio del desplazamiento (fuerza de fricción estática). Fuerza que se ejerce en paralelo a la piel.

- **Isquemia:** la isquemia, o anemia local, puede definirse como la falta parcial o total de aporte de sangre a un órgano o a parte de él.

- **Induración:** endurecimiento de los tejidos de un órgano. Integridad de la piel:

- **Maceración:** ablandamiento por contacto con líquidos; extracción de drogas mediante humedecimiento, extracción en frío.

- **Necrosis:** es la muerte patológica de un conjunto de células o de cualquier tejido del organismo, provocada por un agente nocivo que causa una lesión tan grave que no se puede reparar o tener curación.

- **Productos barrera:** Se consideran a todos los preparados que protegen la piel de la humedad, orina, heces u otras sustancias tóxicas para ella, mediante un revestimiento impermeabilizante. Protectores cutáneos para el cuidado de la piel.

- **Método de la palpación o diascopia:** puede evaluarse ejerciendo presión con un dedo sobre la zona enrojecida; si el área enrojecida palidece cuando se aplica una presión suave con el dedo, no hay signos de daño tisular y no se consideraría UPP de categoría I. Si el enrojecimiento persiste se puede catalogar como ulcera de categoría I. También consiste en aplicar presión utilizando un disco transparente sobre la zona enrojecida y tener las mismas consideraciones que con la presión del dedo. El uso de un disco de presión transparente hace mucho más fácil observar si el área enrojecida palidece o no a la aplicar presión.
- **Sedestación:** posición del cuerpo estando sentado.
- **Tejido necrosado:** Tejido oscuro, negro o marrón, que se adhiere al lecho o los bordes de la herida.
- **Tejido de granulación:** Tejido rojo o rosáceo con una apariencia granular y brillante.
- **Tejido epitelial:** En las úlceras superficiales, nuevo tejido (o piel) rosado o brillante que crece de los bordes de la herida o en islotes en la superficie de la misma.
- **Valoración del riesgo:** Evaluación para determinar en cada caso, la existencia de factores de riesgo que pueden contribuir al desarrollo de una LPP.

SUPERFICIES ESPECIALES DE MANEJO DE LA PRESIÓN (SEMP):

Se considera SEMP a toda superficie que presenta propiedades de reducción o alivio de la presión sobre la que puede apoyarse una persona totalmente, ya sea en decúbito supino, prono o en sedestación.

Seguridad del paciente: Es el conjunto de elementos estructurales, procesos, instrumentos y metodologías basadas en evidencias científicamente probadas, que propenden por minimizar el riesgo de sufrir un evento adverso en el proceso de atención de salud o de mitigar sus consecuencias.

Presión: Es una fuerza que actúa perpendicular a la piel ejercida por la propia fuerza de la gravedad del cuerpo, provocando un aplastamiento tisular entre dos planos, uno perteneciente al paciente y otro externo a él (silla, cama, sondas, etc.)

- **Microclima:** Se refiere a las condiciones de humedad y temperatura del tejido y de la superficie de contacto (Efecto del calor y la humedad sobre la piel).

- **Zona de riesgo:** Zonas en contacto directo con la superficie (cama, sillón, dispositivo, etc.) principalmente prominencias óseas que son más vulnerables a desarrollar LPP.

Las fuentes para la elaboración del glosario han sido las diferentes Guías consultadas para su elaboración.

Referencias

1. González R, Cardona D, Murcia P, Matiz G. Prevalencia de úlceras por presión en Colombia: informe preliminar. Rev. Fac. Med. 2014;62(3):369-377DOI: 10.15446/revfacmed.v62n3.43004

2. Soldevilla J, Torra JE, Verdú J. Impacto social y económico de las úlceras por presión. En: *Enfermería Y Úlceras Por Presión: De La Reflexión Sobre La Disciplina A Las Evidencias En Los Cuidados.* España: Grupo ICE – Investigação Científica em Enfermagem; 2008. 247-58.

3. Segovia T, Bermejo M, Motilla V, Ruíz G, García J. Costes asociados a una úlcera por presión: no hay dudas en que lo mejor es prevenir. A propósito de un caso. VIII Simposio Nacional GNEALPP. Madrid: Hospital Universitario Puerta de Hierro Majadahonda; 2010.

4. Organización Mundial de la Salud. Alianza Mundial para la Seguridad del paciente. La investigación en la seguridad del paciente, mayor conocimiento para una atención más segura. http://www.who.int/patientsafety/information_centre/documents/ps_research_brochure_es.pdf?ua=1

5. Alepuz L, Benítez J, Casaña J, Clement J, Fomes B, García P y cols. Guía de práctica clínica para el cuidado de personas con úlceras por presión o riesgo de padecerlas. España, Generalitat, 2012. http://www.guiasalud.es/GPC/GPC_520_Ulceras_por_presion_compl.pdf

6. Ministerio de salud y Protección Social. Seguridad del paciente y la atención segura. Paquetes instruccionales. Guía técnica "buenas prácticas para la seguridad del paciente en la atención en salud. https://www.minsalud.gov.co/sites/rid/Lists/BibliotecaDigital/RIDE/DE/CA/Guia-buenas-practicas-seguridad-paciente.pdf.

7. Ministerio de Educación Nacional. LEY 266 DE 1996. Diario Oficial No. 42.710 *Por La Cual Se Reglamenta La Profesión De*

Enfermería En Colombia Y Se Dictan Otras Disposiciones. 25 de enero de 1996. 1-8. https://www.mineducacion.gov.co/1621/articles-105002_archivo_pdf.pdf

8. Forrest RD. Early history of wound treatment. J R Soc Med. 1982; 75(3):198-205.

9. Majno G. *The Healing Hand: Man And Wound In The Ancient World.* Cambridge: Harvard University Press; 1975.

10. Van Middendorp J, Sánchez M, Burridge A. The Edwin Smith papyrus: a clinical reappraisal of the oldest known document on spinal injuries. Eur Spine J. 2010; 19(11):1815-23. DOI: 10.1007/s00586-010-1523-6

11. Spilsbury K, Nelson A, Cullum N, Iglesias C, Nixon J, Mason S. Pressure ulcers and their treatment and effects on quality of life: hospital inpatient perspectives. J Adv Nurs. 2007; 57(5):494-504. DOI:10.1111/j.1365-2648.2006.04140.x

12. Thompson J. Patological Changes in Mummies. Proc R Soc Med. 1961; 54(5): 409–15.

13. Barutçu A. The First Record In The Literature About Pressure Ulcers: The Quran And Sacred Books Of Christians. Vol 9(2) EWMA. 2009.

14. Defloor T. The risk of pressure sores: a conceptual scheme. J Clin Nurs.1999; 8(2):206-16.

15. Levine JM. Historical perspective on pressure ulcers: the decubitus ominosus of Jean-Martin Charcot. J Am Geriatr Soc. 2005; 53(7):1248-51. DOI: 10.1111/j.1532-5415.2005.53358.x

16. Nightingale F. *Notas Sobre Enfermería. Qué Es Y Qué No Es.* Barcelona: Masson, S.A; 1999.

17. Bliss M. Acute pressure área care: Sir James Paget´s legacy. Lancet. 1992; 339(8787):221-3

18. Bennett G, Dailey C, Posnett J. The cost of pressure ulcers in the UK. Age Ageing. 2004;33(3):230-5. DOI: 10.1093/ageing/afh086

19. Edberg L, Langemo D, Baharestani M, Posthauer M, Goldberg M. Unavoidable pressure injury: state of the science and consensus outcomes. J Wound Ostomy Confínense Nurs. 2014;

41(4):313-34. DOI: 10.1097/WON.0000000000000050

20. Cacicedo R, Castañeda C, Cossío F, Delgado A, Fernández B, Gómez MV y cols. Prevención y Cuidados Locales de Heridas Crónicas. España: Servicio Cántabro de Salud;2011

21. European Pressure Ulcer Advisory Panel and National Pressure Ulcer Advisory Panel. Tratamiento de las úlceras por presión: Guía de referencia rápida. Washington DC: National Pressure Advisory Panel; 2009.

22. Brunet R, Kurcgant P. Incidencia de las úlceras por presión tras la implementación de un protocolo de prevención. Rev. Latino-Am. Enfermagem. 2012;20(2):333-9.

23. Brem H, Maggi J, Nierman D, Rolnitzky L, Bell D, Rennert R, et al. High cost of stage IV pressure ulcers. Am J Surg. 2010; 200(4):473-7. DOI: 10.1016/j.amjsurg.2009.12.021

24. Linder-Ganz E, Scheinowitz M, Yizhar Z, Margulies SS, Gefen A. How do normals move during prolonged wheel-chair sitting? Technol Health Care. 2007;15(3):195-202.

25. Takahashi M. Pressure reduction and relief from a view point of biomedical engineering. Stoma. 1999; 9(1):1-4.

26. Landis EM. Micro-injection studies of capillary blood pressure in human skin. Heart. 1930; 15:209-28.

27. Shitachange of the radial arterymichi M, Takahashi M, Ohura T. Study on blood flow change of the radial artery and skin under pressure and shear force. Jpn J Press Ulc. 2009; 11(3):350.

28. Le KM, Madsen BL, Barth PW, Ksander GA, Angell JB, Vistnes LM. An in-depth look at pressure sores using monolithic silicon pressure sensors. Plast Reconstr Surg. 1984; 74(6):745-56.

29. Allman RM, Walker JM, Hart MK, Laprade CA, Noel LB, Smith CR. Air-fluidized beds or conventional therapy for pressure sores. A randomized trial. Ann Intern Med. 1987; 107(5):641-8

30. Linder-Ganz E, Engelberg S, Scheinowitz M, Gefen A. Pressure-time cell death threshold for albino rat skeletal muscles as related to pressure sore biomechanics. J Biomech. 2006; 39(14): 2725-32. DOI: 10.1016/j.jbiomech.2005.08.010

31. Fontaine R, Risley S, Castellano R. A quantitative analysis of pressure and shear in the effectiveness of sLPPort surface. J of WOCN. 1998; 25(5):233-9. DOI:10.1016/S1071-5754(98)90078-X

32. Reichel SM. Shearing force as a factor in decubitus ulcers in paraplegics. J Am Med Assoc. 1958; 166(7):762-3.

33. Linder-Ganz E, Gefen A. The effects of pressure and shear on capillary closure in the microstructure of skeletal muscles. Ann Biomed Eng. 2007;35(12):2095-107. DOI: 10.1007/s10439-007-9384-9

34. Bennet L, Kavner D, Lee BK, Trainor FA. Shear vs pressure as causative factors in skin blood flow occlusion. Arch Phys Med Rehabil. 1979; 60(7):309-14.

35. Linder-Ganz E, Gefen A. Mechanical compression-induced pressure sores in rat hindlimb: muscle stilfness, histology and computational models. J Appl Physiol. 2004;96(6):2034-49. DOI: 10.1152/japplphysiol.00888.2003

36. Kobara K, Eguchi A, Watanabe S, Shinkoda K. The influence of the distance between the backrest of a chair and the position of the pelvis on the maximum pressure on the ischium and estimated shear force. Disabil Rehabil Assist Technol. 2008;3(5):285-91. DOI: 10.1080/17483100802145332

37. Baharestani M, Black J, Carville K, Clark M, Cuddigan J, Dealey C, et al. Pressure Ulcer Prevention: pressure, shear, friction and microclimate in context. Wounds International. http://www.woundsinternational.com/media/issues/300/files/content_8925.pdf

38. Gerhardt LC, Strässle V, Lenz A, Spencer ND, Derler S. Influence of epidermal hydration on the friction of human skin against textiles. J R Soc Interface. 2008; 5(28):1317-28. DOI: 10.1098/rsif.2008.0034

39. Hernández Martínez E. Evaluación de las Guías de Práctica Clínica Española sobre Ulceras por presión en cuanto a su calidad, grado de evidencia de sus recomendaciones y su aplicación en los medios asistenciales. Tesis doctoral. Universidad de Alicante; 2012.

40. García F, Soldevilla J, Torra, J. Atención Integral de las

Heridas Crónicas. Logroño: gneaupp;2016.

41. Curry K, Kutash M, Chambers T, Evans A, Holt M, Purcell S. A prospective, descriptive study of characteristics associated with skin failure in critically ill adults. Ostomy Wound Manage.2012; 58 (5):36-43

42. Terekeci H, Kucukardali Y, Top C, Onem Y, Celik S, Öktenli Ç. Risk assessment study of pressure ulcers in intensive care unit patients. Eur J Intern Med 2009;20(4):394-7. DOI: 10.1016/j.ejim.2008.11.001

43. Cox J. Pressure ulcer development and vasopressor agents in adult critical care patients: a literature review. Ostomy Wound Manage 2013;59(4):50-60.

44. Levine JM, Humphrey S, Lebovits S, Fogel J. The unavoidable pressure ulcer: a retrospective case series. JCOM. 2009;16(8):359-63

45. Cooper B. Review and update on inotropes and vasopressors. AACN Adv Crit Care 2008;19(1):5-13. DOI: 10.1097/01.AACN.0000310743.32298.1d

46. McCord JM. Oxygen-derived free radicals in post ischemic tissue injury. N Engl J Medn1985; 312(3):159-63. DOI: 10.1056/NEJM198501173120305

47. Bulkely GB. Free radical-mediated reperfusion injury: a selective review. Br J Cancer suppl. 1987;8:66-73.

48. Wilczweski P, Grimm D, Gianakis A, Gill B, Sarver W , McNett M. Risk factors associated with pressure ulcer development in critically ill traumatic spinal cord injury patients . J Trauma Nurs. 2012; 19 (1):5-10. DOI: 10.1097/JTN.0b013e31823a4528

49. Senturan L, Karabacak U, Ozdliek S, Alpar SE, Bayrak S, Yüceer S, et al. The relationship among pressure ulcers, oxygenation, and perfusion in mechanically ventilated patients in an intensive care unit. J Wound Ostomy Continence Nurs. 2009;36(5):503-8. DOI: 10.1097/WON.0b013e3181b35e83

50. Tarnowski G, Moskovitz Z. Characteristics of hospitalized US veterans with nosocomial pressure ulcers. Int Wound J. 2013; 10(1):44-51. DOI:10.1111/j.1742-481X.2012.00941.

51. Stordeur S, Laurent S, D'Hoore W. The importance of repeated risk assessment for pressure sores in cardiovascular surgery. J Cardiovasc Surg (Torino). 1998;39(3):343-9.

52. Pender LR, Frazier SK. The relationship between dermal pressure ulcers, oxygenation and perfusion in mechanically ventilated patients. Intensive Crit Care Nurs. 2005;21(1):29-38. DOI: 10.1016/j.iccn.2004.07.005

53. Cox J. Predictors of pressure ulcers in adult critical care patients. Am J Crit Care 2011;20(5):264-75. DOI: 10.4037/ajcc2011934

54. Edsberg L, Langemo D, Baharestani M, Posthauer M, Goldberg M. Unavoidable pressure injury. state of the science and concensus outcomes. J Wound Continence Nurs. 2014;41(4):313-34. DOI: 10.1097/WON.0000000000000050

55. Goldsmith L, Katz S, Gilchrest B, Paller A, Leffell D, Wolff K. *Dermatología en Medicina General.* (8ª ed.) Editorial médica Panamericana;2014.

56. Nixon J, Cranny G, Bond S. Pathology, diagnosis, and classification of pressure ulcers: comparing clinical and imaging techniques. Wound Repair Regen. 2005; 13(4):365-72. DOI: 10.1111/j.1067-1927.2005.130403.x

57. Lucas P. Diagnósticos de Enfermería en Úlceras Por Presión. Proyecto de grado. Universidad de Valladolid;2016

58. Herdman, T.H, Shigemi K. Diagnósticos enfermeros Definiciones y clasificación 2015-2017. Barcelona:2015.

59. Bellido JC, Lendínez JF. *Proceso enfermero desde el modelo de cuidados de virginia henderson y los lenguajes NNN*, España:Ilustre Colegio Oficial de Enfermería de Jaén;2010.

60. Doenges M, Frances M. *Procesos Y Diagnósticos De Enfermería. Aplicaciones.* México: Manual Moderno;2014.

Anexos

Anexo 1. Escala de Braden

Puntos	Percepción Sensorial	Exposición a la humedad	Actividad	Movilidad	Nutrición	Fricción/ Deslizamiento
1	Completamente limitada	Siempre húmeda	En cama	Inmóvil	Muy Pobre	Problema
2	Muy limitada	Muy húmeda	En silla	Muy limitada	Probable inadecuada	Problema potencial
3	Ligeramente limitada	Ocasional húmeda	Camina ocasional	Ligeramente limitada	Adecuada	No hay problema
4	Sin limitaciones	Rara vez húmeda	Camina con frecuencia	Sin limitaciones	Excelente	
Puntos						

☐ < 12 = Riesgo alto   ☐ 13-15= Riesgo medio   ☐ >16= Riesgo Bajo

Fuente: Hospital Universitario Reina Sofía, Manual de Protocolo y Procedimientos Generales de Enfermería, Prevención de Ulceras por Presión, p. 1

ESCALA DE BRADEN

Percepción sensorial. Capacidad para responder significativamente al disconfor relacionado con la presión.

1. *Completamente limitada.* No responde (no se queja, no se defiende ni se agarra) ante estímulos dolorosos, por un nivel disminuido de conciencia o sedación o capacidad limitada para sentir dolor sobre la mayoría de la superficie corporal.

2. *Muy limitada.* Responde solamente a estímulos dolorosos. No puede comunicar el disconfor excepto por quejido o agitación o tiene un deterioro sensorial que limita la capacidad para sentir dolor o disconfor sobre la mitad del cuerpo.

3. *Levemente limitada.* Responde a órdenes verbales pero no siempre puede comunicar el disconfor o la necesidad de ser volteado o tiene alguna alteración sensorial que limita la capacidad para sentir dolor o disconfor en una o dos extremidades.

4. *No alterada.* Responde a órdenes verbales. No tiene déficit sensorial que limite la capacidad de sentir o manifestar dolor o disconfort.

Humedad. Grado en el cual la piel está expuesta a la humedad.

1. *Constantemente húmeda.* La piel permanece húmeda casi constantemente por sudoración, orina o líquidos corporales. Cada vez que es movilizado o girado, se encuentra mojado.

2. *Muy húmeda.* La piel está frecuentemente húmeda, las sábanas deben cambiarse por lo menos una vez en el turno (cada ocho horas).

3. *Ocasionalmente húmeda.* La piel está ocasionalmente húmeda, requiere un cambio extra de sábanas aproximadamente una vez al día (cada 12 horas).

4. *Rara vez húmeda.* La piel está usualmente seca, las sábanas requieren cambio con intervalos de rutina (cada 24 horas).

Actividad. Grado de actividad física.

1. *En cama.* Confinado a la cama.

2. *En silla.* Capacidad para caminar severamente limitada o inexistente. No puede soportar su propio peso o debe ser asistido en la silla común o silla de ruedas.

3. *Camina ocasionalmente.* Camina ocasionalmente durante el día pero muy cortas distancias con o sin asistencia. Pasa la mayor parte del turno (8 horas) en la silla o en la cama.

4. *Camina con frecuencia.* Camina fuera del cuarto por lo menos dos veces en el día y dentro de él por lo menos una vez cada dos horas.

Movilidad. Capacidad para cambiar y controlar la posición del cuerpo.

1. *Completamente inmóvil.* No realiza ni ligeros cambios en la posición del cuerpo o las extremidades sin asistencia.

2. *Muy limitada.* Realiza cambios mínimos y ocasionales de la posición del cuerpo o las extremidades, pero es incapaz de realizar en forma independiente, cambios frecuentes o significativos.

3. *Ligeramente limitada.* Realiza frecuentes aunque ligeros cambios en la posición del cuerpo o de las extremidades en forma independiente.

4. *Sin limitaciones.* Realiza cambios mayores y frecuentes en la posición sin asistencia.

Nutrición. Patrón usual de consumo alimentario.

1. *Muy pobre.* Nunca come una comida completa. Rara vez come más de un tercio de cualquier comida ofrecida. Come dos porciones o menos de proteínas (carne o lácteos) por día. Toma poco líquido. No toma un suplemento alimenticio líquido o está sin vía oral o con dieta líquida clara o intravenosa por más de cinco días.

2. *Probablemente inadecuada.* Rara vez come una comida completa y generalmente come solo la mitad de cualquier comida ofrecida. La ingesta de proteínas incluye solamente tres porciones de carne o productos lácteos por día. Ocasionalmente toma un suplemento alimenticio o recibe menos de la cantidad óptima de dieta líquida o alimentación por sonda.

3. *Adecuada.* Come más de la mitad de la mayoría de las comidas. Come el total de cuatro porciones de proteína por día. Ocasionalmente rechaza una comida pero usualmente toma un suplemento alimenticio si se la ofrece o está siendo alimentado por sonda o nutrición parenteral.

4. *Excelente.* Come la mayoría de todas las comidas, nunca rechaza una comida, usualmente come un total de cuatro o más porciones de carne y productos lácteos, ocasionalmente come entre comidas. No requiere suplemento alimenticio.

Fricción y deslizamiento

1. *Es un problema.* Requiere asistencia de moderada a máxima al movilizarlo. Levantarlo completamente sin deslizarlo sobre las sábanas es imposible. Frecuentemente se desliza en la cama o en la silla y requiere constantes cambios de posición con un máximo de asistencia. La espasticidad y contracturas llevan a fricción casi constante.

2. *Es un problema potencial.* Se mueve torpemente o requiere mínima asistencia. Durante un movimiento, la piel probablemente se desliza en algún grado contra las sábanas, la silla o los objetos de restricción. Mantiene relativamente buena posición en la silla o en la cama la mayoría del tiempo, pero ocasionalmente se desliza hacia abajo.

3. *Sin problema aparente.* Se mueve en la cama o en la silla y tiene suficiente fuerza muscular para sostenerse completamente durante el movimiento. Mantiene buena posición en la cama o en la silla en todo momento.

Fuente: Servicio Andaluz de Salud Consejería de Salud; Guía para la prevención de las UPP. 2017-2018 p. 34

Anexo 2. Escalas de evaluación del estado nutricional

Nombre	Fecha
Unidad/Centro	Nº Historia

Escalas de evaluación del estado Nutricional

Mini Nutritional Assessment (MNA)

Población diana: Población general geriátrica. Se trata de una escala **heteroadministrada** para la evaluación del estado nutricional de una persona. Si la suma de las respuestas de la primera parte –Test de cribaje- es igual o inferior a 10, es necesario completar el - test de evaluación- para obtener una apreciación precisa del estado nutricional del paciente. La puntuación global del Test de evaluación resulta de la suma de todos los ítems del Test de cribaje y de los del Test de evaluación. Los puntos de corte del Test de evaluación son de 17 a 23,5 puntos: riesgo de malnutrición, y menos de 17 puntos: malnutrición.

TEST DE CRIBAJE			
PREGUNTAS		**RESPUESTAS**	**PUNTOS**
A. ¿Ha perdido el apetito? ¿Ha comido menos por falta de apetito, problemas digestivos, dificultades de masticación o deglución en los últimos 3 meses?	0	Anorexia grave	
	1	Anorexia moderada	
	2	Sin anorexia	
B. Pérdida reciente de peso (< 3 meses)	0	Pérdida de peso > 3 kg	
	1	No lo sabe	
	2	Pérdida de peso entre 1 y 3kg	
	3	No ha habido pérdida de peso	
C. Movilidad	0	De la cama al sillón	
	1	Autonomía en el interior	
	2	Sale del domicilio	
D. ¿Ha tenido una enfermedad aguda o situación de estrés psicológico en los últimos tres meses?	0	Sí	
	1	No	
E. Problemas neuropsicológicos	0	demencia o depresión grave	
	1	demencia o depresión moderada	
	2	sin problemas psicológicos	
F. Índice de masa corporal (IMC = peso / (talla)2 en kg/m2)	0	IMC < 19	
	1	19 < ó = IMC < 21	
	2	21 < ó = IMC < 23	
	3	IMC > ó = 23	
PUNTUACIÓN TOTAL (Cribaje)			

Evaluación del cribaje (subtotal máximo 14 puntos)
➢ 11 puntos o más: normal, no es necesario continuar.
➢ 10 puntos o menos: posible malnutrición, continuar la evaluación.

Fuente: Servicio Andaluz de Salud Consejería de Salud; Guía para la prevención de las UPP. 2017-2018 p. 35

Anexo 3l

A continuación se describen una serie de recursos educativos para ayudar a los pacientes y/o cuidadores a mejorar sus conocimientos sobre Prevención de las UPP.

http://www.pacientesycuidadores.com/	Portal web con amplia información sobre Prevención y tratamiento de UPP y otras heridas.
https://www.youtube.com/channel/UCArAX0bYl38 K3ggMymnjYDg	Canal de Youtube® que aloja videos sobre cambios posturales y atención a pacientes dependientes. incluye prevención de las UPP.
https://www.youtube.com/watch?v=vjSuhSvK460	Video explicativo sobre qué es y porqué se causa una UPP
http://www.aragon.es/estaticos/GobiernoAragon/Departamentos/ServiciosSociales Familia/Documentos/docs/Areas/Dependencia/Publicaciones/guia_visual_cuidadores_interactiva.pdf	Documento enriquecido muy visual sobre los cuidados básicos para el paciente dependiente, incluye prevención de las UPP. incluye prevención de las UPP.
https://www.youtube.com/playlist?list=PL746AA3A 3DEA959AD	Canal de Youtube® que presenta videos demostrativos sobre los cuidados básicos a pacientes dependientes.
https://vimeo.com/32161886	Video educativo para pacientes y cuidadores sobre prevención de UPP
https://prevenciondeulcerasporpresion.wordpress.com/recursos/informacion-para-cuidadores/guiapara-cuidadores/	Blog con información completa sobre el manejo de la prevención en los pacientes con riesgo de padecer UPP

https://www.nlm.nih.gov/medli neplus/spanish/en cy/patientinstructions/000147.ht m	Información básica y actualizada sobre la prevención de las UPP, cuidados, particularidades y alertas.
https://es.pinterest.com/pin/393 7835611475421 22/	Infografía sobre clasificación de UPP
https://es.pinterest.com/pin/550 1429107114272 50/	Reloj con horarios para cambios posturales
https://image.slidesharecdn.com /30pdf- 141210095805-conversion- gate02/95/manual-delcuidador- prevencin-de-las-lceras-por- presin-2- 638.jpg?cb=1418205615	Presentación con tríptico informativo sobre prevención de UPP.
http://cuidadosdelasheridas.com /	Portal web sobre el tratamiento de las heridas

Relación de aplicaciones que pueden ayudar en la prevención de las UPP

Nombre y descripción de la aplicación	Enlace de descarga e información
Guía UPP. Guía UPP es la primera guía a nivel mundial especializada en la clasificación, diagnóstico, prevención y tratamiento de las úlceras Por presión.	https://itunes.apple.com/es/app/ guiaupp/id5463 15186?mt=8 https://www.facebook.com/guiau pp/
BCX Braden. Aplicación para calcular el riesgo de aparición de una UPP.	https://itunes.apple.com/es/app/i d560756646?m t=8

Trata la UPP. Trata la UPP, disponible para Windows Phone, Android e iOS, cuenta además con un listado de los productos más utilizados en la cura de úlceras y otra base de datos en la que se definen las técnicas a utilizar, así como las diferentes escalas de valoración de riesgo de UPP (Norton, Emina y Braden) y la escala de valoración de la piel perilesional Fedpalla.	https://itunes.apple.com/us/app/trata-laupp/id874818518?l=es&mt=8
Registro de Curas y Heridas	https://play.google.com/store/apps/details?id=com.appsanidad.registrocuras

www.ingramcontent.com/pod-product-compliance
Lightning Source LLC
Chambersburg PA
CBHW071243170526
45165CB00003B/1215

* 9 7 8 1 3 8 7 4 1 0 7 5 0 *